KB213247

수냐의 수학카페 1

수냐의 수학카페 1

1판 1쇄 펴냄 2011년 4월 13일
1판 7쇄 펴냄 2017년 5월 25일

지은이 김용관

주간 김현숙 | **편집** 변효현, 김주희
디자인 이현정, 전미혜
영업 백국현, 도진호 | **관리** 김옥연

펴낸곳 궁리출판 | **펴낸이** 이갑수

등록 1999년 3월 29일 제300-2004-162호
주소 10881 경기도 파주시 회동길 325-12
전화 031-955-9818 | **팩스** 031-955-9848
홈페이지 www.kungree.com | **전자우편** kungree@kungree.com
페이스북 /kungreepress | **트위터** @kungreepress

ⓒ 김용관, 2011.

ISBN 978-89-5820-213-4   03410

값 15,000원

수냐의 수학카페

1

수는 죽었다 VS 수는 영원하다

김용관 지음

궁리
KungRee

들어가며

1

청춘 끝, 인생 시작이라 했던가! 세상이란 넓은 바다를 기대와 고민을 안고 여행하는 시기가 청춘이라면, 여행 후 자리를 잡고 삶을 우직하게 살아가는 것이 인생이라 할 수 있다. 청춘의 시기에는 자기에게 맞는 언어와 장소, 몸을 찾을 수 있는 자유가 허용된다. 조금 말썽을 일으켜도, 조금 수상해 보여도, 조금 막말을 하더라도 문제되지 않는다. 청춘이기에! 과연 우리는 이런 청춘의 시기를 충분히 거치고 누린 것일까?

하지만 청춘의 자유 뒤에는 선택과 결정이 뒤따른다. 청춘의 시기를 통해 바라본 세상을 보다 아름답고, 보다 살맛나게 만들어갈 수 있는 뭔가를 선택해 살아가야 한다. 인생이 시작되는 것이다. 인생이란, 누렸던 청춘의 자유에 대해 책임을 지는 것이다. 그리고 누군가의 청춘을 보듬어주고 허용해주는 시기다. 청춘이 개인적이라면, 인생은 사회적이다.

마흔을 갓 넘은 나에게 이제야 인생이 찾아온 것 같다. 그래도 감사하다. 찾아와준 게 어딘가? 수학은 청춘의 여행길에서 우연히 만난 나그네였다. 그러다 여행길의 동반자가 되었고, 친구가 되었다. 나는 수학을 통해 약간의 방황을 해석할 수 있었고, 세상을 조금은 이해할 수 있게 되었다. 그리고 인생을 살아야겠다는 용기를 얻게 되었다.

2

수(數)! 수는 수학의 기본적인 언어다. 그런 의미에서 수학이라는 커다란 세계를 축소해서 보여주는 그림이다. 자기가 갖고 있는 수에 대한 느낌이 수학에 대한 자기의 느낌이라고 해도 지나친 말은 아니다. 학창 시절에, 시험을 대비하여 공부하던, 골치 아픈 계산이라는 것이 사람들이 수에 대해 가지고 있는 일반적인 이미지가 아닐까? 그렇듯 수학은 우리 모두가 지나쳐야 했던 일종의 성인식이었다. 소수의 선택받은 사람들을 제외하고 그 성인식은 별로 유쾌하지 않고, 혹독하기까지 했다. 과거의 한때를 그렇게 지배했다.

수는 사람들의 역사와 동행해왔다. 수는 언제나 현재형이었다. 그럼에도 우리는 수를 과거형으로, 또는 곧 끝날 현재형으로 느끼고 있다. 이는 배움의 과정과 관련 있다. 우리는 수를 어떻게 배웠나? 학교 밖이나 안에서 수는 곧 계산으로 연결된다. 학교 안에서는 더욱 치밀하고 조직적으로 이뤄진다. 초등학교에서 고등학교까지 수와 계산은 수학의 중요한 부분을 차지한다.

수의 세계 역시 복잡하다. 그래서 우리는 교과서를 통해 수를 단계에 맞춰 하나씩 배운다. 자연수, 다음은 분수, 다음은 소수 이렇게. 한 숟가락씩 먹으며 밥 한 공기를 먹듯이. 그런데 이런 공부에서 수와 수 사이의 관계는 빠지게 된다. 수라는 전체적인 숲에 대해서도 마찬가지다. 수학 이외 분야와의 관계는 말할 것도 없다. 이런 방식은 근대적이다. 근대적 방식은 유용하고 실용적일 수 있지만 재미가 없다. 지금은 근대적 방식을 넘어선 새로운 방식을 탐구해야 할 때다.

'새로운' 이야기가 필요한 게 아닌가 싶다. 삶에 대한 이야기! 하나의 '만들어진' 이야기를 받아들이는 게 아니라 각자의 느낌으로, 각자의 이야기를 써내려가야 하지 않을까? 그러려면 우리는 먼저 어떤 것이든 이야기로 받아들일 수 있어야 한다. 그래야만 그 이야기에 새로운 이야기를 더할 수 있다. 수에도 새로운 이야기가 필요하다. 그러기 위해서 우선 수 역시 '이야기'가 되어야만 한다.

이야기의 맛은 쉽고 재미있다는 것이다. 많은 사람들, 특히 어린아이들이 이야기를 좋아하는 것도 다른 이유가 아니다. 그래서 이야기는 전해지는 과정에서 보태지고, 변형되고, 풍부해진다. 수학도 이렇듯 이야기로 받아들여질 수 있다면, 수학 공부가 즐거워지지 않을까? 더 나아가 수학 이야기 역시 일반적인 이야기의 하나로 자리 잡을 수 있을 것이다. 삶의 진솔한 느낌이나 메시지를 담아내고 전해주는, 그런 이야기.

나는 수에 대한 '하나의' 이야기를 만들어보고자 했다. '수는 인간을 행복하게 하는가?'를 두고 유클리드와 니체가 논쟁을 벌이며 이야기는 시작된다. 이 논쟁에 칸트, 어린왕자, 모모, 투이아비, 갈릴레이, 베르메르, 에셔, 수학자들과 같은 다양한 집단이 참여하게 된다. 이로부터 수의 역사와 의미, 수에 대한 사유의 이야기가 전개된다. 그들 사이에 오고가는 대화는 가급적 그들에 관한 원전과 역사적 사실을 바탕으로 재구성하고자 했다.

1편에서 그들은 자연수, 분수, 소수, 음수, 무리수, 실수, 허수, 복소수를 다룬다. 문자로 나타낸 수인 대수와 무한이라는 수는 다루지 못했다. 이것들은 수의 연장인 계산을 다루고 있는 2편에서 다뤄진다. 그러면서 수 이야기는 끝이 난다.

이야기의 또 다른 맛은 등장인물이 자유자재로 변신할 수 있다는 것이다. 사람과 동물의 경계도 없다. 필요하다면 사람이 나무가 될 수 있고, 바람도 될 수 있다. 그와 같이 나는 수를 다양하게 변신시켜주고 싶었다. 그림으로, 문학의 언어로, 철학적 사유로!

수도 하나의 표현 요소다. 우리는 뭔가를 다양한 방식으로 표현한다. 그림으로도, 말로도, 음악으로도. 그럴수록 표현 효과는 높아진다. 수도 하나의 표현 요소이기에 수 역시 얼마든지 다른 모습으로 변할 수 있다.

그럼에도 수로만 표현 가능한, (적어도) 수에게 훨씬 적절한 표현 영역은 여전히 존재한다. 그 영역을 볼 수 있을 때 우리는 수, 수학의 매력을 맛보는 것이다. 이 책이 수의 그런 매력을 보여줄 수 있는 이야기이기를 바라본다. 게다가 나의 '하나의' 이야기가 다른 누군가의 '또 하나의' 이야기에 조금이나마 자극이 된다면 더 바랄 게 없다.

3

많은 분들에게 감사한다. 이 글을 위해 내가 한 것은 별로 없다. 이미 세상에 나와 있는 이야기들 위에 약간의 상상력을 보탰을 뿐이다. 수학이라는 여행길의 안내자가 되어준 책들과 저자들에게 감사를 전한다. 그들 덕분에 난 즐거웠으며, 행복했다. 청춘을 마감할 수 있는 힘까지 덤으로 얻게 되었다.

내 청춘의 특혜는 거저 주어진 것이 아니었다. 생물학적 청춘의 시기에는 부모님의 도움을 받았다. 몸의 시계가 청춘기를 지나친 후에도 나는 청춘이었다. 그렇게 지낼 수 있도록 내버려둔 사랑하는 아내의 도움이 컸다. 그리고 청춘의 시기를 함께 해준 친구들, 부족했던 수업에 학생으로 참여해준 어린이들, 청소년들, 어른들에게 다시 한 번 감사드린다.

글을 한번 써보라고 권유하며 여러 기회를 만들어주셨던 행복한아침독서의 한상수 선배님, 본 원고의 글쓰기를 시작하게 해주고 두루두루 의견을 주셨던 평사리출판사의 홍석근 선배님, 법정 편에서의 법률 용어나 이야기를 꼼꼼히 읽고 구체적으로 조언해주신 권영빈 변호사님께도 감사드린다.

궁리출판과 김주희 담당편집자님께도 감사의 마음을 전한다. 청춘을 마감하고 인생을 살아보려는 내게 궁리는 보다 분명한 선을 그어주었다. 투고된 글을 빼놓지 않고 읽어주고, 출판이라는 기회를 제공해주었다. 마지막으로 이 글을 읽을 독자들에게 더욱 큰 감사를 드린다. 즐거운 여행길 되기를 바란다.

2011년 4월

김용관

3 향연

여기는 무(無)차원 또는 무한차원의 세계이다.

생각하고, 생각되는 모든 것은 존재가 된다.

파울 클레, 〈달콤하면서 쓰디쓴 섬〉, 1938년

1

법정

수(數)는
똥이야,
똥!

알렉산드리아의 도서관.

유클리드가 그리스 비극을 찾아보러 온 니체와 대화 중이다.

유클리드 (『원론』과 컴퍼스를 들어 보이면서) 수학은 세상이라는 금고를 풀 수 있는 열쇠라네. 수학만 잘한다면 세상의 모든 비밀을 알아낼 수가 있어. 세상의 진리를 알고 싶은가? 그렇다면 수학을 사랑하며 열심히 공부해보게나.

니체 글쎄……. 그렇게 말하면 당신이야 좋겠지. 하지만 그건 당신 생각일 뿐이야. 수학을 못한다면 세상의 진리를 알아내기 어렵다! 과연 그럴까?

유클리드 │ 유감스럽지만 그렇다네. 물론 성깔 있는 자네로서는 수긍하기 어려울 걸세. 자네 고등학교 때 수학 때문에 낙제생이 될 뻔했다던데 사실인가?

니체 │ (그걸 어떻게 알았지?) 그래. 그런데 그건 내가 문학과 같은 다른 분야에 깊이 빠져 있었기 때문이야. 결국 난 세상의 진리를 충분히 알아냈다고. 신이 죽었다는 것도 알아낼 정도였지.

유클리드 │ 자네 '충분히'라고 했나? 난 자네가 수학의 맛을 제대로 알았더라면 그렇게 말하지 못했을 것이라고 확신하네.

니체 │ 유클리드! 그거 알아? 지금 당신이 나에 대해서 충분히 알고 있는 척한다는 거.

유클리드 │ 나 이래봬도 자네의 그 유명하다는 책을 읽어봤다네. 차라투스트란가 뭔가 하는 제목이 긴 책 말이네

니체 │ 『차라투스트라는 이렇게 말했다』를 봤다고! 읽을 수는 있었을까?

유클리드 │ 흐음～～～ 난 그 책을 읽으면서 왜 그렇게 많은 사람들이 자네에 대해 비판적이었는지 이해할 수 있었네. 철학 책이라는데 제목부터 이상하더군. 제목이라면 당연히 책의 내용이 무엇인지, 무엇에 관한 것인지를 알려줘야 하는데 전혀 그렇지가 않아. 또 내용은 어떻고? 무슨 말을 하려는 것인지도 분명하지 않을뿐더러 자네 주장에 대한 근거도 빈약하기 이를 데 없더군. 온전한 정신상태에서 쓴 거야? 어떤 사람들 말대로 약간 맛이 간 상태에서 쓴 거 아냐?

니체 │ 한마디로 책을 제대로 읽어내지 못했단 이야기군. 그렇지? 당신도 별 수 없어.

유클리드 │ 그건 다 자네 탓이라네. 자네도 알다시피 난 정리의 달인이

네. 고대의 그리스 수학을 총정리하여 『원론』이란 책을 썼지. 그럴 수 있었던 것은 그리스의 철학, 수학 등의 학문을 완벽하게 이해했기 때문이야. 그런데 자네의 책은 당신을 제외하고는 누구도 이해할 수 없도록 쓰여 있더군. 자네의 글쓰기가 문제란 말일세. '책이란 독자들이 읽고 이해할 수 있도록 배려하며 써야 한다.' 바로 저자가 지켜야 할 기본 아닌가.

니체 | 잘난 척 그만 하지. 나도 그 정도는 알아. 그래서 난 그렇게 썼다고!

자네 미친 거 아냐? ●

유클리드 | 어허. 자네 내 말귀를 못 알아듣고 있군. 자네에게 책 쓸 때의 요령을 가르쳐주겠네. 주장을 펼칠 때 가장 기본이 되어야 하는 것은 사용하게 될 말의 의미를 정확하게 밝혀주는 것일세. 같은 말이라도 사람마다 해석이 다르기에 용어를 정확히 정의하지 않으면 서로 딴 이야기를 하는 꼴이 되고 만다네.

예를 들어볼까? 자네는 '초인'이란 말을 쓰고 있는데, 도대체 초인이 뭔가? 자네가 그냥 막 쓰다 보니 수많은 사람들이 아직도 초인이 뭔가에 대해서 싸우고 있지 않은가? 어떤 사람들은 높이뛰기를 잘하는 사람이 초인이라고까지 하더군. 이건 순전히 자네 책임일세.

니체 | 당신이 『원론』에서 점, 선, 면 등을 정의한 것과 같이 하란 말이지?

유클리드 | 그래. 이제야 말이 좀 통하는군. 용어를 정확히 정의했다

면, 이제 서서히 자기 주장을 펼쳐가면 되네. 이때 주의할 점이 있어. 아무리 자기 주장이라고 하더라도 듣는 사람들이 수긍할 수 있도록 설득력이 있어야 한다는 거야. 자기의 느낌에 취해 쓰면 안 되네.

니체 ┊ 자기 주장의 정당성을 지지해줄 근거 또는 장치가 필요하다! 뭐 이런 얘기지?

유클리드 ┊ 빙고! 그런 근거나 장치를 수학에서는 공리(公理, axiom)라고 하네. 공리란 누구나가 부정할 수 없는 사실을 뜻한다네. '모든 인간은 죽는다'는 말처럼. 이 공리라는 기둥을 사용하여 자기 주장의 집을 지어간다면 설득력을 얻게 되는 거야. 나는 『원론』에서 몇 개의 공리들을 통해서 465개의 결론을 도출하여 증명했네. 그 정리들은 밤하늘의 빛나는 별과 같이 아직도 아름답게 빛나고 있지.

니체 ┊ 밤하늘의 빛나는 별이라……. 그렇다면 밤에만 빛날 뿐 낮에는 보이지도 않겠네! 반쪽의 진리에 불과하잖아. 그런 거라면 난 애당초 원치도 않아.

유클리드 ┊ 뭐라고!&^%$#~ 자네의 책은 일관성도 없고, 주장하는 근거도 약하고 설득력도 전혀 없네. 정의되지 않은 이상한 용어들이 여기저기서 불쑥불쑥 튀어나오고. 자네는 인간 정신의 세 가지 변화를 이야기하면서 낙타, 사자, 어린아이를 언급했네. 낙타처럼 견디는 단계에서 사자처럼 싸우고 투쟁하는 단계를 거쳐서 어린아이처럼 웃고 즐기는 단계로 가야 한다면서! 재미있는 이야기더군.

하지만 인간 정신의 변신이 어디를 향한, 무엇의 변신인지 도무지 알 수가 없더군. 그걸 알아야 변신의 과정과 결과를 예측할 수가 있는데 말이야. 그러다 갑자기 낙타, 사자가 나오더니 결론은 어린아이로 향하고. 그 변신의 과정에 근거도 없고, 결론 역시 명확하지가 않아. 한

마디로 소설을 썼더군, 소설을! 이건 철학 책이 아니야. 철학 책이라면 엄밀함과 치밀함이 있어야지. 철학자랍시고 책을 이렇게 써놓다니 자네 미친 거 아냐?

니체 나 미치지 않았어. 당신이나 미쳤겠지. 난 파쳤다고.

유클리드 파를 쳤다고?????

니체 거참, 말귀 못 알아듣네. '미' 보다 한 음 높은 '파' 를 쳤다고, 알아들어?

유클리드 파…… 파를 쳤다고!!! 자네 정신 좀 차리게나. 난 자네 글을 읽고 난 후 자네에게 왜 정신병이 생겼는지, 그리고 정신병의 치료를 위해서는 무엇을 해야 하는지를 알게 되었네. 나의 뛰어난 분석이라는 그물망을 통해서 알 수 있었지. 이야기해줄까?

니체 손해 볼 것은 없으니 들어주지, 한번 떠들어봐!

수학? 수를 배워보라고? ●

유클리드 그것은 바로 수학일세. 자네가 학창시절에 수학을 제대로 공부하지 못한 것이 자네 인생에서 아픔의 시작이었네. 수학만 제대로 공부했더라면 아마도 자네 인생은 상당히 달라졌을 거야. 수학은 사물을 제대로 분별하게 해줄 뿐만 아니라 논리나 엄밀함 같은 소양을 갖추도록 해주거든. 자네의 그 광기는 수학이라는 세례를 통하여 다스려지고 온순해졌어야 했는데, 그러지를 못해서 그렇게 막 나가게 된 것이란 말일세. 지금이라도 수학, 아니 수부터 배워보는 게 어떻겠나?

니체 수학? 수를 배워보라고? 내가 이 나이에 왜, 싫어. 난 세상의 진리를 '충분히' 아주 '충~분히' 알고 있다니까. 그걸로도 만족해. 그냥 이렇게 살 게 내버려둬.

유클리드 | 자네는 우주가 무한하다고 생각하나 아니면 유한하다고 생각하나?

니체 | 왜 뜬금없이 우주에 대한 이야기를 꺼내는 거야! 사실 난 그 문제에 대해서도 생각해봤어. 그런데 결론을 못 내리겠던데.

유클리드 | 우주가 유한하다고 생각할 경우 우주의 크기는 일정한 수로 표현이 될 걸세. 물론 엄청나게 큰 수겠지. 하지만 아무리 큰 수라고 할지라도 거기에 1, 2, 3 등을 더하면 더 큰 수를 얼마든지 만들어낼 수 있네. 이걸 볼 때 수가 무한하듯이 우주도 무한할 것이라고 추측할 수가 있지.

니체 | 수를 통해서 우주가 무한하다고 생각하는 거야? 특이한 방식이군.

유클리드 | 끝까지 들어보게. 여기 선분이 하나 있네. 이 선분에는 점이 몇 개나 있을까?

니체 | 일정한 선분에 점이 무한히 많다는 것쯤은 나도 안다고.

유클리드 | 다행이군. 비록 길이가 유한한 선분이지만 점의 개수는 무한하네. 이렇듯 유한 속에 무한이 포함될 수도 있어. 그렇다면 무한의 우주도 유한할 수 있지 않을까?

니체 | 오호라~~ 진짜 그럴싸한데. 그렇다면 우주란 무한하다고 생각할 수도 있고, 유한하다고 생각할 수도 있겠네. 수를 통해 그렇게 생각하다니 놀라운걸.

저 그림을 치우면 뭐가 보일까? ●

유클리드 | 수란 어떤 대상의 모습을 정확히 반영해주는 이미지라네. 대상의 모습을 분명하고 확실하게 보여줘서 그 대상에 대한 탐구를 가능하게 해주지. 그림으로 설명해보겠네.

마그리트, 〈유클리드의 산책〉, 1955년

유클리드 | 뭐가 보이나?

니체 | 창문이 있네. 창문 너머로 밖의 경치가 보여. 아…… 잠…… 잠깐. 창문이 아닌데. 자세히 보니 누군가가 이젤 위에 그림을 놓아뒀군. 그런데 이 그림이 주위의 배경하고 잘 어울리는데.

유클리드 | 맞았네. 이 그림은 '그림이 무엇인지'를 잘 표현해주고 있다네. '그림이란 어떤 대상을 보고 똑같이 그려낸 것'이라고 잘 보여주고 있지 않나. 이젤을 치워도 그림과 동일한 모습이 보인다는 것이지.

니체 | 으하하하~ ~

유클리드 | 아니 갑자기 왜 웃는 것인가? 내 말이 그렇게 재미있나?

니체 | 아냐. 그럴 리가 있겠어? 저 그림을 치우면 뭐가 보일까를 상상해봤더니 너무 웃겨서 그래.

유클리드 | 저 그림을 치워도 똑같은 모습이 보일 뿐이네.

니체 | 내가 생각한 것을 봐봐. 아마 웃겨 죽을걸. 이런 모습이 보이지 않을까?

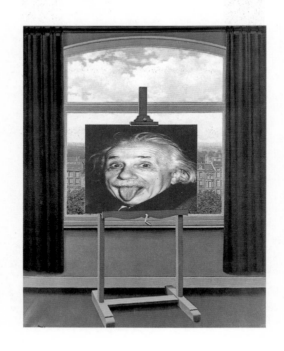

유클리드 ┃ 니체!?%&^*@# 자네 장난이 너무 심하군 그래. 저 그림을 무시해도 유분수지.

니체 ┃ 그냥 웃자고 한 거야. 미안해.

유클리드 ┃ '그림이란 무엇인가'부터 공부를 해야겠군. 조금 전 봤던 그림과 비슷하게 도시의 모습을 아주 잘 표현한 작품이 하나 있네. 다음 작품을 그린 화가를 모셔보세.

베르메르, 〈델프트의 풍경〉, 1959~60년

(여기저기 물감이 묻은 옷을 입고 베르메르가 나타난다.)

베르메르 ┃ 누가 나를 불러냈지?

유클리드 : 난 유클리드라고 하네. 여기 그림이 뭔지도 모르는 친구가 있어서 자네 설명을 듣고 싶었네.

베르메르 : 저 그림은 내가 그린 〈델프트의 풍경〉이야. 난 아름다운 저 곳에서 태어나 한평생을 살았지. 그래서 저 도시의 풍경을 화폭에 담기로 했어. 그림을 완성하는 데 꽤 많은 시간과 노력이 들어갔지. 자주 가서 구도와 배치를 확인해야 했고, 색을 칠하면서도 실제 보이는 색의 모습을 정확하게 파악해야 했어.

모든 사물은 한 가지 색으로 된 게 아니야. 구름도 자세히 보면 흰색이 아니라 검은색, 노란색, 흰색, 회색, 파랑색 등 매우 다양한 색이 들어 있어. 제대로 된 그림을 그리려고 난 옵스큐라라는 기기를 사용하기도 했지. 일종의 카메라야.

그림이란 이처럼 보이는 사물의 형태와 모습, 색상 등을 잘 관찰하여 화폭에 담는 것이지. 따라서 좋은 그림이란 그림만 보고도 실제의 대상이 눈에 선명하게 떠오르는 작품이라 할 수 있어.

유클리드 : 니체, 그림이 뭔지 알겠지?

칸트, 반갑군! ●

니체 : 유클리드, 그런데 아까 봤던 그림의 제목이 뭐야?

유클리드 : 르네 마그리트의 〈유클리드의 산책〉이란 작품일세. 그 화가는 나를 무척 존경했던 것 같네. 내가 산책을 좋아했다는 걸 어떻게 알았을까?

니체 : 아~~ 그림에서 길 위에 찍혀 있는 점 같은 게 당신이야? 제

목을 말해주지 않았더라면 모르고 지나쳤겠는데.

유클리드 그러게 제목은 내용을 압축해서 보여줘야 한다네. 그러니 자네도 『차라투스트라는 이렇게 말했다』의 제목을 바꿔보게나. 그리고 저 그림에서 난 혼자가 아니네. 자세히 보면 점이 두 개야. 다른 누군가와 이야기를 나누면서 산책을 하고 있다네.

니체 별 재미없는 시시콜콜한 이야기나 했겠지 뭐.

유클리드 궁금한가? 그럼 그 사람도 불러보세. 어이 친구 이리 오게나.

(누군가가 지팡이를 짚고 나타난다.)

유클리드 칸트, 반갑군! 이리 오게나. 산책 중이었나 보군! 시간 하나는 정확하다니까.

칸트 나야 늘 그렇지 뭐. 그런데 사실 산책은 내게 의무와도 같은 게 돼버렸어. 나도 가끔은 산책을 쉬거나 다른 시각에 하고 싶을 때가 있지. 하지만 그럴 수 없어. 왜냐고? 동네 사람들이 내가 산책하는 것을 보며 시간을 맞춘다는 이야기를 들었거든. 내가 산책을 쉬거나 시각을 변경하면 그들이 헷갈릴 것 아닌가? 그들에게 시계를 사줄 돈이 없는 이상 내가 정확한 시각에 맞출 수밖에 없지 뭐. 그래서 이렇게 오늘도 꼼짝없이 산책을 하고 있다네.

니체 그런 말 못 할 사정이 있었단 말이야? 너무 규칙적으로 사니까 그렇지. 어쨌거나 잠시 쉬었다가 가.

칸트 그렇다면 난 쉬면서 조용히 있겠네. 하던 이야기 어서 계속해.

1＋1＝창문! ●

유클리드 ┃ 수에 관한 이야기로 돌아가세나. 우리는 항상 일관성을 유지해야 하네. 그림이 대상의 형태와 색상을 그대로 재현하듯이 수도 대상의 크기를 그대로 재현한다네. 그래서 우리는 수를 통해서 대상의 모습을 정확히 그려볼 수가 있지. 게다가 수는 객관적이고 불변한다는 특성이 있어. 어느 나라 사람이든 사용 가능한 만국공통어지. 1＋1＝2 라는 식은 동서고금의 모든 사람들이 공감하고 수긍할 수 있는 진리 아닌가?

니체 ┃ 잠깐, 마그리트의 그림을 보고 당신 이야기를 들으니 생각나는 게 또 있어.

유클리드 ┃ 그래. 뭔가?

니체 ┃ 1 더하기 1의 답은 2가 아니야. 마그리트의 그림에 나오는 창문이 답이야. 즉, 1＋1＝창문!

유클리드 ┃ 웬 뚱딴지 같은 소린가?

니체 ┃ 1＋1＝을 잘 쓰면 田이라고 쓸 수가 있네. 田은 창문 아닌가. 그래서 '1＋1＝창문'이지.

유클리드 ┃ 또…… 또…… 시작이군. 제발 말도 안 되는 소리 그만 하게나.

니체 ┃ 그래도 재미있지? 또 하나 가르쳐줄까? 4 빼기 빼기 0이 뭐게?

유클리드 ┃ '4 빼기 빼기 0'이라고? 뭔가 잘못된 거 아닌가? 빼기가 두 개 연속으로 붙을 수는 없어. 빼기를 하나만 넣든지, 빼기와 빼기 사이에 수를 하나 집어넣든지 해야 하네. 0을 집어넣으면 되겠군. '4

빼기 0 빼기 0', 4-0-0=4로군. 답은 4일세.

니체 ǀ 땡! 틀렸어. 그럴 줄 알았지.

유클리드 ǀ 이 정도 문제는 어린아이도 쉽게 풀 수 있는데 내 답이 틀렸다고?

니체 ǀ '4 빼기 빼기 0'은……

유클리드 ǀ 그래 말해보게나.

니체 ǀ 바로…… 이거야.

유클리드 ǀ 이거 혹시 그…… 그거 아닌가?

니체 ǀ 그거? 그래 바로 그거, 똥이지~~~

유클리드 ǀ 아니 어떻게 '4 빼기 빼기 0'이 똥이란 말인가?

니체 ǀ '4-0-0=4'를 잘 써봐. 그럼 똥이 돼. 어~ 그러고 보니 수가 똥이 돼버렸네. 수는 똥이야, 똥!!

ㄴ ㄸ ㄸ 똥

유클리드 ǀ 뭐, 뭐…… 수가 똥이라고 했나? 그럼 난 똥통에 빠져 사는 사람인가? 자넨 지금 신성한 수와 수학자들의 세계를 똥통에 빠트렸네. 이렇게 막 나가는 장난을 치다니 도저히 참을 수가 없네. (컴퍼스를 손에 든 채) 꺼져버려. 더 이상 얼굴도 보고 싶지 않네.

니체 ǀ 유클리드! 진정해, 진정하고 이성을 되찾아야지. 하마터면 컴퍼스에 찔릴 뻔했잖아. 웃자고 한 건데 한번 웃어주고 넘어가면 되지. 당신네들의 위대한 스승이신 아리스토텔레스가 뭘 강조했는지 알지? 바로 행복이었다고. 행복이란 게 뭐야? 웃고 즐기며 사는 거잖아. 수 가지고 이렇게 웃을 수 있었으면 된 거 아냐?

유클리드 | 맘대로 지껄이게나. 누가 철학자 아니랄까봐 갖다 붙이기는 참 잘하는군. 그래도 싫네. 앞으론 다시 볼 일이 없길 바라겠네. 그리고 자네는 행복한 인생과는 다소 거리가 먼 삶을 살지 않았나? 그런 자네가 행복에 대해서 알기나 해?

1. 유클리드의 『원론』이란 책은 어떤 방식으로 구성되었는지 찾아보세요.

2. 우주는 무한할까요? 유한할까요? 왜 그렇게 생각했나요?

3. 마그리트의 그림 중 〈유클리드의 산책〉과 유사한 패턴의 그림들을 찾아보세요.

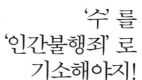

'수'를
'인간불행죄'로
기소해야지!

칸트 | 유클리드, 잠깐만! 자네들 이야기를 가만히 듣고 있자니 내 입이 간질거리는군. 나도 철학자 아닌가! 지금 수 때문에 싸우는 거지? 곧 주먹다툼이 벌어질 것 같군. 위대한 수학자와 철학자라는 사람들이 주먹다툼이라, 그건 안 되지. 수에 대한 입장이 판이하게 달라서 그런 것 같은데 차라리 제대로 한판 붙어보는 게 낫지 않을까?

보아하니 니체가 수에 대해 할 말이 꽤 많은 것 같은데. 저 친구 다소 엉뚱하고, 괴팍한 면이 있긴 하지만 칼날처럼 예리한 면도 있거든. 괜히 저러는 건 아닐걸.

유클리드 | 학교 다닐 때 수학을 못했다는 악감정 때문이겠지. 그것 말고는 수에 대해 다른 입장을 가질 게 없지 않은가?

니체 없기는 왜 없어? 내가 괜히 수 가지고 장난치는 줄 알아? 난 수가 나에게, 사람들에게 행한 짓거리를 생각하면 화가 치밀어 오른다고. 사람들이 날 망치의 철학자라고 하는 거 알지? 내 앞에서는 어떤 것도 다 부서지고 으깨지거든. 난 수 역시 내 망치로 쾅쾅 부셔버리고 싶다고. 할 수 있다면, 고소라도 하고 싶은 심정이야.

칸트 그래? 그럼 진짜 고소해버려. 알다시피 내 전공이 무엇이든 법정에 세우는 거 아닌가? 난 말 많고 탈 많던 '이성'을 법정에 세워본 적이 있네. 아주 성공적이었어. 그것 때문에 명성도 얻게 되었지.

니체, 자네가 검사가 되어서 기소를 해버리게. 그러면 법정은 자연스럽게 열리게 되지 않을까? 그런데 누구를, 무슨 명목으로 기소하려고?

니체 당연히 '수'를 '인간불행죄'로 기소해야지.

유클리드 무슨 소리!!! 수를 인간불행죄로 기소한다고 했나? 수가 인간을 불행하게 한 게 뭐가 있단 말인가? 좋네. 그렇다면 내가 변호사가 되어 수를 변호하도록 하겠네.

칸트 이거 재미있겠는걸. 니체의 망치가 유클리드의 수성(數城)을 깨트릴 수 있을까? 그런데 법정에 재판장이 없군. 그렇다면 내가 재판장이 되어서 공정한 재판이 되도록 돕지. 그럼 니체가 먼저 왜 수를 법정에 세웠는지 정리해서 다시 한 번 진술해주게. (법정임을 상기하고) 아니, 진술해주십시오.

수는 죽었다! vs 수여 영원하라! ●

니체 수는 존재 자체로 인간을 불행하게 합니다. 소수의 수학자와 수학을 좋아하는 사람을 제외한 대다수의 사람들은 수학을 증오합니다. 수학은 학생들이 가장 싫어하는 과목임에 틀림없습니다. 수학 시간만 되면 학생들의 웃음과 생기는 사라지고, 지겨움과 따분함, 공포가 밀려옵니다. 그럼에도 학생들은 수학을 계속 공부해야만 하고, 수학의 공포를 안고 살아가야 합니다. 그만큼 불행한 시간을 보내게 됩니다. 학생들이 왜 그렇게 학교를 빨리 졸업하고, 어른이 되기를 갈망할까요? 그것은 바로 수학을 더 이상 공부할 필요가 없기 때문입니다. 왜 소수의 수학자들을 위해 다수의 순진한 학생들이 희생양이 되어야 한단 말입니까?

이제 인간은 수학이라는 억압에서 해방되어야 합니다. 어떻게 해야 그렇게 될 수 있을까요? 그것은 바로 수를 없애는 것입니다. 왜냐하면 수는 수학의 언어로서 수학이라는 광대한 제국을 건설한 토대이기 때문입니다. 수가 인간 불행의 씨앗이었던 것입니다.

수학 공부가 공포스럽다는 것만으로 수를 인간불행죄로 기소하는 것은 아닙니다. 수는 인간의 무한한 다양성과 가능성을 획일화하면서 삶을 경쟁과 파국으로 몰아갈 뿐입니다. 수의 이러한 행태는 모든 사회에서 진보와 발전이라는 허울을 뒤집어쓰고 버젓이 자행되고 있습니다. 이와 같은 사실을 입증할 증인들의 진술을 증거로 제시할 것입니다. 이 진술들은 수의 유죄를 만천하에 드러내면서 수의 죽음을 알리게 될 것입니다. 이 법정을 통해 우리는 이렇게 외치게 될 것입니다. '수는 죽었다!'

칸트 유클리드, 할 말 있습니까?

유클리드 니체 측의 주장에 전혀 동의할 수 없습니다. 아니, 이해가 되지를 않습니다. 무슨 근거로 그런 주장을 하는지 오히려 궁금해질 따름입니다.

니체의 진술은 수가 진보와 발전의 역할을 해왔다는 것을 스스로 인정하고 있습니다. 다만 삐딱한 시선과 열등감으로 수를 모독하고 음해하고 있을 뿐입니다.

수학 공부로 불행해진다는 이야기 역시 그들 스스로의 나태와 게으름을 방증할 따름입니다. 그들이 나태하고 게을러서 그렇게 된 것인데 오히려 수를 탓하고 있잖습니까? 책임 회피의 한심스런 작태에 불과합니다. 조금 더 노력한다면, 누구나 얼마든지 수학을 즐겁게 공부할 수 있습니다.

우리는 마라톤 경주의 우승자를 칭송합니다. 우승자는 인간의 한계를 극복하기 위해 노력했기 때문이지요. 그러나 니체의 이야기를 따른다면 우리는 우승자를 감옥에 가둬야만 합니다. 우승하지 못한 대부분의 사람들을 불행하게 만들었기 때문이지요. 하지만 우리는 그렇게 하지 않습니다. 오히려 우승자를 떠올리며 더욱 노력합니다. 수학 공부 역시 마찬가지입니다. 소수의 수학자들을 탓할 게 아니라 그렇게 공부하지 못한 스스로를 탓하며 더욱 노력해야 합니다. 안 그렇습니까?

수는 인간 불행의 씨앗이 된 적이 없습니다. 거꾸로, 인간 행복의 씨앗이었죠. 수를 뿌리면 인간 행복이라는 열매를 거둘 수 있을 뿐입니다. 저희도 증인을 통해 니체 측의 주장이 잘못된 것임을 보이면서 수를 옹호할 것입니다. '수여, 영원하라!'

칸트 ┆ 양측에서는 어떤 증인을 신청할 겁니까?

니체 ┆ 저희는 세 명의 증인을 채택하고자 합니다. 세 증인은 모두 수가 인간 사회를 어디까지 망쳐놓았는가를 적나라하게 증언해줄 것입니다. 그 증인은 모모, 어린왕자, 투이아비 추장입니다.

유클리드 │ 저희는 두 명의 증인을 채택하고자 합니다. 갈릴레이와 에셔를 모시고자 합니다.

칸트 │ 양측의 증인 채택을 모두 인정합니다. 그럼 먼저 니체 측 증인부터 진술하고, 유클리드 측 증인들이 다음에 진술하도록 하겠습니다. 니체 측 진술해주시기 바랍니다.

1. 여러분은 어느 편에 설 것인지, 왜 그런지를 이야기해보세요.

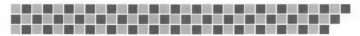

수는
인간을 불행하게
만들어요

한 소녀가 등장한다.

소녀는 키가 작고, 말라깽이에다가 늘 맨발로 다녀서 새까만 발을 지녔으며 기워 입은 치마에 다 낡아빠진 남자 웃옷을 걸치고 있다.

안녕하세요? 난 모모예요. 니체 아저씨한테 이 법정에 대한 이야기를 전해 들었어요. 수의 유죄를 입증하는 법정이라면서요? 그 이야기를 듣는 순간, '이거다!' 하고 외쳤어요.

저는 세상에 알려진 이후 많은 곳을 돌아다녀야만 했어요. 여기저기서 제가 와주기를 바랐거든요. 사람들은 그들의 불행을 끝내고 행복해지기를 원했어요. 저에겐 그렇게 할 수 있는 능력이 있었죠. 그래서 시간이 날 때마다 이곳저곳을 방문해 그들의 문제를 해결해줬어요.

그런데 문제는 갈수록 와달라는 곳이 늘어나고 있다는 거예요. 몸은 하나인데 다 갈 수가 없었죠. 그렇다고 그들의 불행과 고통을 외면할 수는 없었고. 그러던 차에 니체 아저씨를 만났어요. 아저씨 이야기를 듣고 보니 '이 법정이 나의 모든 고민을 한 방에 날려주겠구나' 싶었어요.

저의 도움을 간절히 바라던 사람들의 불행에는 수라는 강력한 힘이 관여되어 있어요. 하지만 사람들은 제가 그것을 알려주기 전에는 눈치 채지 못하죠. 전 그걸 알려주러 다닌 거였어요. 그런데 만약에 이 법정을 통해 인간불행에 대한 수의 유죄가 입증된다면, 모든 사람들이 수에 대해 확실히 알게 돼요. 그 순간 불행 끝, 행복 시작이 되는 거죠. 그래서 전 이 법정을 통해 수가 저지른 온갖 불행을 일망타진하려 해요.

수는 인간을 불행하게 만들어요. 아주 교묘하게 그렇게 하죠. 전 그것을 너무나 잘 알아요.

이상한 일들이 벌어지기 시작했어요 ●

전 가족도 없이 이리저리 떠돌아 다니던 소녀였어요. 그러다가 어느 마을에 가게 되었죠. 그곳 사람들은 나를 위해 원형극장에 삶의 터전을 마련해줬어요. 매우 친절한 사람들이었죠. 볼품도 없고 가진 것도 없던 저는 어디를 가나 외면받기 일쑤였는데 그곳 사람들은 그렇지 않았어요. 그들은 내게 남은 음식이나 이불을 가져다주며 보살펴줬어요. 사는 게 뭔지를 알고 있던 사람들이었죠.

그리고 그들은 내 말동무가 되어주기까지 했어요. 특히 아이들은 나와 원형극장에서 놀이를 하면서 즐거운 시간을 보내곤 했죠. 그래서 난 그들을 진심으로 대하며, 그들의 이야기에 항상 귀 기울여주었어요. 내가 그들에게 해줄 수 있는 것이라곤 그것밖에 없었거든요. 그런데 신기하게도 마을 사람들은 나와 이야기를 나누고 난 뒤 문제가 풀렸다고 좋아하고 기뻐하는 거예요. 난 그냥 그들의 이야기를 들어줬을 뿐인데 말이죠. 어쨌든 참 행복한 시간이었어요. 그렇게 그들과 알콩달콩 재미있게 영원히 살 수 있기를 간절히 바랐어요.

그런데 이상한 일들이 벌어지기 시작했어요. 글쎄 마을 사람들의 발걸음이 끊어지기 시작한 거예요. 음식을 가지고 오던 사람들의 발걸음도, 나와 이야기하려고 오던 사람들의 발걸음도, 놀기 위해 오던 아이들의 발걸음도 서서히 사라지기 시작했어요. 그래서 난 예전처럼 버려지고 외면당하는 아픔을 맛봐야 했어요. 배 고프고 추웠던 것은 말할 것도 없었죠. 마을 사람들과 행복했던 때를 생각하니 오히려 더 슬퍼지더군요.

난 바람만 휑하게 불어오는 원형극장 터에 홀로 앉아서 생각을 했어요. '어, 이상하다. 왜 그들이 오지 않는 것일까? 마을에 신나는 축제라도 열렸나? 아냐, 그렇다면 나를 마을로 초청해서 같이 즐겼을 거야. 혹시 나랑 노는 게 이제 재미없어진 거 아냐? 장난감도 없고, 먹을 것도 부족하고, 신기한 물건도 없어서 실망했나봐. 맞아, 나랑 노는 게 뭐가 재미있겠어.' 이렇게 신세한탄을 했어요. 그런데 알고 보니 저 때문이 아니었어요. 사람들이 나를 떠난 건 바로 수, 수 때문이었어요. 왜냐고요?

시간을 수량화하여 계산하는 방법을 사용했어요 ●

잠	441504000초
일	441504000초
식사	110376000초
어머니	55188000초
앵무새	13797000초
장보기	55188000초
친구, 합창연습	165564000초
비밀	27594000초
창가	13797000초
합계	1324512000초

위의 표가 뭔지 아세요? 이것은 한 영업사원이 이발사 아저씨인 푸지 씨에게 내민 계산표예요. 어느 날 푸지 씨는 인생이 무의미하게 느껴졌어요. '난 한평생 잘못 살아왔어. 제대로 인생을 누릴 시간이 없어. 제대로 된 인생을 살려면 시간이 있어야 하거든. 하지만 나는 평생을 철컥거리는 가위질과 쓸데없는 잡담과 비누 거품에 매여 살고 있으니' 라며 푸념을 늘어놓았어요. 그는 분명 자기 일을 즐거워했음에도 인생에서 이뤄놓은 것이 없다고 생각했죠. 그런데 이 순간 한 영업사원이 이발소를 방문하여 위의 표를 제시한 거예요. 이것은 그가 지금껏 사용한 인생의 시간표였죠. 다음 표는 푸지 씨에게 허락된 시간에서 그가 사용한 시간을 뺀 나머지였어요. 바로 그가 저축한 시간이 얼마나 되는가를 보여주는 표였지요.

$$1324512000초$$
$$- \underline{1324512000초}$$
$$0초$$

한마디로 푸지 씨는 지금껏 시간을 전혀 저축하지 못했던 거예요. 시간을 모두 낭비해버린 것이죠. 그래서 푸지 씨는 낙담했고, 영업사원에게 어떻게 해야 되는지를 물었답니다. 이 영업사원은 시간을 아끼면 된다고 조언했답니다. 일을 더 빨리 하고 불필요한 부분은 모두 생략하라고. 그래서 푸지 씨는 앞으로 시간을 저축하겠다고 약속했대요. 그리고 사람이 달라지기 시작했죠.

어떻게 변했는지 아세요? 예전엔 손님 한 명당 보통 30분 정도 걸렸어요. 손님과 잡담을 나누며 웃기도 했기 때문이죠. 그런데 이제 시간을 아끼기 위해 말 한 마디 않고 일을 했어요. 그러자 일을 20분 만에 끝낼 수 있었죠. 또 시간을 낭비케 하던 앵무새는 가게에 팔아버리고, 어머니는 양로원에 맡기고 한 달에 한 번 얼굴을 들이밀게 되었어요. 엄밀한 시간표를 따랐으며, 행동 하나하나에 시간을 정했어요. 가게에 적힌 팻말을 상기하면서.

"시간을 아끼면 곱절의 시간을 벌 수 있다!"

푸지 씨가 이렇게 변했는데, 저에게 찾아올 시간이 있었겠어요? 날보러 온다는 건 시간낭비였기에 그는 다시는 찾아오지 않았어요. 푸지 씨뿐만 아니라 마을의 많은 사람들도 그렇게 변해갔던 거예요.

푸지 씨에게 접근했던 영업사원은 바로 시간저축은행의 사원들이었어요. 이 사람들은 사람들에게 다가가 시간을 저축하는 영업을 펼쳤어요. 이 사람들은 냄새를 아주 잘 맡아요. 아무 때나 사람들에게 다가가는 것이 아니라 냄새가 날 때 민첩하게 접근을 해요. 푸지 씨처럼 인생과 시간에 대해서 회의를 느끼는 사람을 잘도 알아채요. 이 사람들의 영업은 아주 탁월해서 말을 듣다 보면 그들의 은행에 계좌를 만들게 된다고 해요.

그들이 어떤 방법을 사용했는지 아세요? 푸지 씨의 예에서 보듯이 그들은 시간을 수량화하여 계산하는 방법을 사용했어요. 이 방법은 매우 효과적이었죠. 시간을 계산하여 보여주는 것만으로도 사람들은 시간을 아껴야겠다는 생각을 하게 돼요. 바로 수가 핵심이었어요. 사람들은 예전에도 시간의 존재를 알고 있었어요. 그러나 시간을 숫자화하는 것과 안 하는 것은 천지차이였어요. 수를 사용하자 사람들은 이제 시간에 대해 명확하게 알게 되었다고 생각하더라고요. 전 그래서 확실히 깨달았죠. 어떤 대상을 그냥 바라보는 것과 수를 통하여 바라보는 것은 너무나 다르다는 것을.

행복이란 어디서도 찾아볼 수가 없었어요 ●

전 수 때문에 마을 사람들이 불행해지는 것을 봤어요. 마을 사람들은 분명 더 바빠지고 분주해졌어요. 물론 더 많은 일을 하며 시간을 아꼈을 수도 있겠죠! 그러나 그것이 행복을 의미하지는 않아요.

마을 사람들은 시간을 아끼려고 사람들과 이야기도 덜 하게 되었어요. 함께 어울리는 것도 가급적 피했죠. 쓸모없는 시간은 최소로 줄이고, 자기 시간은 최대로 늘리는 게 목표가 되었어요. 그러다 보니 사람들은 신경이 날카로워지고 안정을 잃어갔어요. 일을 하면서 기쁨을 느

뭉크, 〈귀가하는 노동자들〉, 1913~15년

일을 마친 노동자들이 한꺼번에 집으로 향하고 있다. 굽히고 엉거주춤 걷는 이, 모자를 눌러쓰고 땅을 보며 걷는 이, 피곤함이 서려 있는 눈동자를 간직한 이……. 그들은 모두 말없이 자기 길을 가고 있다. 시간이 숫자화된 시계의 등장으로 사람들은 때에 맞춰 출근하고, 퇴근하며 그렇게 살아가게 되었다.

낄 수도 없었죠. 시간을 아끼는 데만 정신이 집중되어 있는데 일하는 기쁨을 찾을 수 있겠어요? 게다가 사람들은 더 많은 일을 하면서도 시간은 더 없다고 아우성이었어요. 그럴수록 시간을 아끼기 위해 더 바빠졌어요. 시간은 더 빨리 지나가고 한숨은 더 깊어만 갔죠. 행복이란 어디서도 찾아볼 수가 없었어요.

시간을 벌겠다고 옆은 쳐다보지도 않고 자기만 쳐다보는 게 행복인가요? 시간 절약만 있을 뿐 일하는 기쁨도 없는 게 행복인가요? 한숨만 있을 뿐 웃음은 없는 게 행복인가요? 계획표대로만 움직이며 아무런 변화도 없는 삶이 행복인가요? 저는 제 친구들이 이렇게 사는 모습을 다시는 보고 싶지 않아요. 전 친구들을 잃고서 얼마나 울었는지 몰라요. 지금도 그때를 생각하면…… 눈물이 저절로 흘러요. 흐흐흑.

유클리드 (수건을 건네주며) 모모, 눈물을 닦으십시오. 감동적이었습니다. 맘 고생 많으셨군요. 그런데 장소를 잘못 찾은 게 아닌가 싶습니다. 여기는 유죄를 입증하는 법정이지, 눈물 콧물 빼는 드라마 찍는 곳이 아닌데요. 하나 물어보겠습니다. 당신 친구들이 불행해졌다고 하는데, 친구들에게 직접 물어본 적이 있습니까?

모모 …… 음, 없는데요.

유클리드 그렇다면 그들이 불행해졌다는 것은 그들의 생각이 아니라 모모의 생각일 뿐이겠군요?

모모 그렇긴 하죠. 그렇지만 그들이 불행해졌다는 것은 확실하잖아요.

유클리드 모모, 행복이 무엇인지 말할 수 있습니까?

모모 행복이요? 글쎄요. 전 행복이 뭔지 말하기는 어렵지만, 어떤 게 행복한 모습인지는 말할 수 있어요.

유클리드 웃고 즐기는 것만이 행복한 모습이라고 생각하는 건 아니겠죠? 행복의 정의에 따라 행복한 모습은 얼마든지 달라질 수 있습니다. 때로는 슬픈 모습을 보일 수도 있죠. 어린애처럼 너무 순진하고 단순하게 생각하지 마세요. 자, 애들은 딴 데 가서 노는 게 좋을 것 같군요.

모모 ……

유클리드 하나 더 묻겠습니다. 한 번의 경험을 가지고 수가 인간을 불행하게 한다고 말할 수 있습니까? 그렇지 않은 곳이 얼마든지 있을지도 모른다고 생각해본 적 없습니까?

모모 ……

유클리드 경험으로부터는 어떤 진리나 결론도 이끌어낼 수 없습니다. 경험이란 하나의 참고자료가 될 수는 있습니다. 그러나 입증과는 아무런 상관이 없습니다. 니체, 안 그렇습니까?

니체 그것 역시 당신 생각일 뿐입니다. 어차피 완벽한 증명과 입증이란 불가능하단 걸 당신도 잘 아시잖습니까? 모든 방법에는 한계가 있기 마련입니다. 그래도 아까 보니 모모를 안타까운 모습으로 바라보던데, 뭔가 느낀 게 있었던 거 아닙니까? 자, 다음 진술로 넘어가겠습니다.

1. 미하엘 엔데의 동화에서 모모가 시간을 훔치는 회색일당과 어떻게 싸웠으며, 결과가 어떻게 되었는지 찾아보세요.

2. 어떤 대상을 그냥 보는 것과 수를 통해 바라보는 것은 어떻게 다를까요?

3. 완벽한 증명과 입증은 불가능할까요?

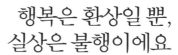

행복은 환상일 뿐,
실상은 불행이에요

쭈뼛쭈뼛한 노랑머리에 꽃과 칼을 손에 든 소년이 등장한다.
어깨 위에는 별이 반짝이고 있다.

　항상 진실만을 말하고, 숨겨진 진실을 드러내는 어린왕자예요. 조
금 전 모모는 수가 인간 사회를 어떻게 변화시키는가를 잘 보여줬어
요. 그걸 듣고도 '행복'의 정의니 종류를 운운하시던 유클리드! 당신,
심장은 있는 건가요? 팔딱거리는 뜨거운 심장이 있냔 말입니다. 슬픈
행복이라! 말장난하자는 건가요? 책만 보며 인생과 세상에 대해 이야
기하는 사람들의 전형적인 모습이죠. 유클리드, 행복이 뭔가요? 말해
보세요.

유클리드 행복을 정의하기 위해서는 우선 행복한 모습들에 대한 자료를 다 모은 다음, 유사한 것들끼리 묶어 분류해야 하며, 각각의 분류를 보고……

어린왕자 아, 그만 그만. 그래서 행복이 뭐냐고요?

유클리드 작업을 다 해봐야 알 것 같소. 조금 기다려주시겠소?

어린왕자 모른단 이야기네요. 자기도 모르면서 묻기는 왜 물어요.

유클리드 ……

어른들은 이처럼 자기도 모르면서 남들에게는 아는 것처럼 위선 떨 때가 많아요. 자기가 모른다는 사실 자체도 모르는 경우가 많죠. 한심하기 그지없어요. 그러면서도 다른 사람, 특히 어린이들에게 뭔가를 가르치려고 해요. 뭘 가르친다는 것인지 쯧쯧쯧…… 자기나 제대로 가르칠 것이지.

전 어른들을 별로 좋아하지 않아요. 아무리 노력해도 어른들과는 어울리기가 너무 힘들었어요. 왜냐고요? 재미가 없기 때문이에요. 어른들은 했던 일 또 하고, 했던 이야기 또 반복해요. 별다른 변화나 발전 없이 일상을 반복할 뿐이죠.

어른들은 어린이들을 보면서 그들을 훤히 안다고 생각해요. 하지만 전 반대인 것 같아요. 오히려 어른들이 무슨 생각을 하며, 무엇을 좋아하는지 어린이들은 아주 잘 알고 있죠. 어른들과 조금만 지내보면 알게 돼요. 어린이가 공부 안 하고 놀고 있으면 어떤 반응을 보이는지, 무슨 말로 훈계하는지 뻔하거든요. 일주일과 하루하루 매 시간대에 어른들이 무슨 일을 하는지 눈에 훤하게 보여요. 1, 2, 3 다음에 4, 5, 6이 자동적으로 떠오르는 것과 같죠.

'코끼리를 삼킨 보아뱀' 그림을 보세요. 어른들은 그 형태만 보고서 모두 모자라고 해요. 보이는 대로 판단할 뿐 내면을 곰곰이 들여다보는 법이 없어요. 결과는 예상했던 것과 너무도 똑같았죠. 어른들을 맘껏 비웃어주고 싶었어요.

예상을 벗어나지 못하는 그 단순함, 자기 것만을 고집하는 그 무식함은 도대체 어디서 솟아난 것일까요? 바로 수 때문이에요. 수는 그렇듯 사람들을 단순하고, 무식하고, 무료하며, 불행하게 만들어요. 저는 이 법정에서 그 사실을 폭로할 거예요. 이제 수는 마땅히 죗값을 치러야만 해요.

어른들 눈에는 숫자만 보이나봐요 ●

어른들은 숫자를 좋아해요. 그래서 소행성을 발견하면 '노을이 아름다운 별'이라거나 '우주 여행하다가 공짜로 물 마실 수 있는 별' 등과 같이 이름을 짓는 게 아니라 '소행성 3251호, 소행성 B612호'라고 이름을 지어요. 또 새로 사귄 친구 이야기를 하면 어른들은 결코 중요한 것은 묻지 않아요. 어른들은 "그 애 목소리는 어떠니? 그 애는 무슨 놀이를 좋아하니? 그 친구도 나비를 수집하니?"라고는 절대로 묻는 법이 없죠. 대신 "그 애는 몇 살이지? 형제는 몇 명이고? 몸무게는 몇 킬로그램이나 나가니? 아버지의 수입은 얼마야?"라고 묻고서는 그걸로 그 친구가 어떤 사람인지 알았다고 생각해요. 이제 수로 표현할 수 있는 것 외에는 별 관심이 없어요. 그래서 모든 것을 수로 표현하려고 하죠. 주민등록번호, 집 주소, 전화번호, 키, 몸무게, 성적 등 모든 게 수예요. 수로 표현될 수 없는 이야기들은 애들 장난 같은 이야기거나, 별 쓸모 없는 이야기라고 생각해요.

전 소행성을 여행하면서 다양한 종류의 어른들을 만났어요. 모든 사람들을 신하로 여기면서 홀로 살아가는 왕, 자신을 칭찬해주고 찬양해주기를 원하며 허영심으로 가득한 남자, 술 마시는 부끄러움을 잊기 위해 계속 술을 마셔대는 술꾼, 수로 가득한 계산을 하면서 부자가 되려는 바쁜 사업가, 지시사항을 지키느라 가로등을 켰다 껐다 하며 부지런히 살아가는 아저씨, 책상에만 앉아서 탐험가를 기다리며 큰 책을 쓰고 있는 지리학자 등을 만났죠. 그런데 대부분 단순한 행위를 반복하면서 지루하고 따분하고 재미없이 인생을 살고 있었어요. 그러면서도 제게는 요구하고 명령하며 대접을 받으려 했죠.

어른들은 어른이 되어가면서 세상에 대한 호기심도, 신비함도 잃어버려요. 세상에 대한 지식을 통해 알 만큼 안다고 생각하는 것이죠. 그러니 신기할 게 뭐가 있겠어요. 남은 것이라곤 계획을 세우고, 계획을 이루기 위해 시간을 아끼고 노력하는 것뿐이죠. 어른들을 이렇게 만들어준 게 바로 수였어요.

수에 대해서 몰라도 너무 모르고 있어요 ●

모든 것을 수로 보기 시작하면서 사람들은 무언가를 확실히 알았다고 생각하게 되었어요. 그 전에는 그렇지 않았어요. 항상 다양한 의견들이 있었고, 뭔가가 부족하다고 느꼈죠. 그런데 수에 대해서는 모두가 한 목소리였어요. 수에 대해서만큼은 트집을 잡을 수가 없었어요.

그래서 사람들은 이제 수만으로 이야기를 하려 했어요. 수는 선택사항이 아닌 필수사항이 돼버렸죠.

그런데 중요한 것은 사람들이 행복해하지 않는다는 거예요. 오히려 불행해지죠. 소행성을 여행하면서 만났던 어른들처럼. 확실한 지식과 진리가 있는데도 왜 그런 것일까요? 수가 사람들을 가지고 장난치고 있는데도 사람들은 그걸 모르고 있기 때문이에요. 수에 대해서 몰라도 너무 모르고 있어요.

과연 수가 뭔가를 제대로 보여주고 있는 것일까요? 아니에요. 절대 아니죠. 수는 사물의 껍데기만 보여줄 뿐이에요. 내용물 없는 껍데기가 무슨 의미가 있을까요? 그건 모양새만 보고, 코끼리를 삼킨 보아뱀을 단지 모자라고 하는 것과 똑같아요. 수는 이처럼 사람들을 보이는 것에만 집착하게 만들어요. 모든 대상들의 내면과 깊은 곳보다는 겉모습만 보게 해서 결국 오해하고 질투하고 분쟁하게 만들어요.

수가 참으로 악랄한 것은, 그럼에도 사람들에게 착각을 심어준다는 거예요. 첫 번째 착각은 사람들이 모든 것을 정확히 알고 있다고 생각한다는 거예요. 그것도 수 덕분에. 미치고 환장할 노릇이죠. 모든 것을 안다는 것은 불가능한 일이죠. 설사 그렇게 되었다 한들 사람들이 행복해질까요?

두 번째 착각은 사람들이 불행해하면서도 행복해지리라는 기대감을 갖고 있다는 거예요. 현실의 불행은 행복이란 정상에 아직 오르지 못했기 때문이고, 행복해지기 위한 과정일 뿐이라는 거죠. 실상을 전혀 알지 못하고 있어요. 참으로 교묘하죠. 하지만 행복은 환상일 뿐, 실상은 불행이에요.

수는 사람들이 불행을 자각하지 못하도록 행복에 대한 생각을 아예 바꿔버려요. 무서운 놈들이죠. 그 결과 사람들은 수가 사람을 행복하게 해주리라고 믿어요. 수만이 삶의 은밀한 비밀들을 드러내주고, 인간이 신처럼 살아갈 수 있게 해준다고 믿죠. 그러면서 수는 삶의 뒤편으로 은밀하게 숨어버려요. 하지만 이 법정으로 수의 그런 횡포는 끝이 날 겁니다.

태초에 수가 계시니라! ◉

유클리드 | 어린왕자, 진술 잘 들었습니다. 하나 물읍시다. 아까 어른들이 수만으로 대상을 본다고 이야기했던 것을 기억합니다. '너무 단순하게 본다', 뭐 그런 뜻이죠. 그렇다면 '불행이라는 y값이 수라는 변수 x만으로 결정된다'는 당신의 그 진술 또한 너무 단순한 거 아닙니까? 다른 여러 가지의, 잘 보이지 않고 숨겨져 있는 요인들도 있을 거란 생각 안 해보셨나요?

어린왕자 | 글쎄요. 안 해봤네요. 하지만 분명한 것은 수가 보이는 껍데기만 중요하게 만든다는 거예요. 또한 '보이지 않는 것은 아예 없는 것이다'라고 믿게 하죠.

유클리드 | 자꾸 보이지 않는 세계가 중요하다고 강조하시네요. 보이지도 않는데 뭔가가 있다고 어떻게 안단 말입니까? 그만 우기십시오.

어린왕자 | 유클리드, 사막이 왜 아름다운지 아세요? 그건 바로 어딘가에 우물이 있기 때문이에요. 있긴 있지만 어디에 있는지 모른다는 사실이 사막을 아름답게 만들어줘요. 호기심과 신비함도 생기게 되죠. 삶에 대한 신비, 기대감, 호기심 등은 행복한 인생을 위해 필수적인 것

들이에요. 하지만 수는 모든 것을 드러내고, 보이고, 파헤쳤어요. 그리고 그 외의 것은 없다고 했죠. 신비라곤 남아 있지 않아요. 행복감도 함께 사라졌죠. 하지만 가장 중요한 것은 눈에 보이지 않아요.

유클리드 하지만 이 자리는 법정입니다. 입증하는 게 중요한데, 보이지 않는 것을 어떻게 입증할 셈입니까?

어린왕자 수가 없는 세상에선 충분히 가능한 일이에요. 수 없는 세계, 상상이 안 가시죠?

유클리드 창조주께서는 꼭 필요한 것들만을 이 세계에 창조하셨답니다. 불필요한 것들은 아예 만들지도 않으셨죠. 수는 모든 물질이 존재하기 이전부터 있었습니다. 위대한 스승이신 플라톤께서 그렇게 말씀하셨소. 그래서 이런 말씀도 있습니다.

> "태초에 수가 계시니라. 이 수가 하느님과 함께 계셨으니 이 수가 곧 하느님이시니라. 수가 태초에 하느님과 함께 계셨고 만물이 그로 말미암아 지은 바 되었으니 지은 것이 하나도 그가 없이는 된 것이 없느니라."

니체 유클리드, 그에 대한 답변은 우리 측 마지막 진술자가 하게 될 것 같습니다. '수 없는 세계'에 대한 진술을 들어보도록 하겠습니다.

---

1. 수는 모든 것을 파헤쳐 신비감을 사라지게 한다는 어린왕자의 주장에 대해 어떻게 생각하세요?
2. 수가 인간의 삶을 더욱 불행하게 한다는 주장에 충분한 근거가 있다고 생각하나요?

05

수 없는 세계는
가능하다!

(반말로 더듬더듬)

명민한 나의 형제들이여! 난 투이아비, 저 멀리 남태평양의 사모아 섬에서 왔다. 뜨거운 햇살과 푸른 바다, 풍성한 과일이 넘쳐나는 곳. 그곳에서 우리 부족들은 여유로우면서도 행복한 삶을 산다.

여기 온 이유는 수를 막기 위해서다. 수! 막아야 한다. 우리 마을에 오는 걸 막아야 한다. 수가 들어오면 마을 다 망가진다. 모두 불행해진 다. 수를 없애려고 여기 왔다.

난 좀 독특한 경험을 했다. 섬에 특이한 일이 일어났다. 백인들이 우리 앞에 나타났다. 선교사가 섬으로 배 타고 들어왔다. 우린 백인들을 '빠빠라기'라고 불렀다. 이게 무슨 뜻인가? 으음…… 그것은 '하늘을

찢고 온 사람'이란 뜻이다. 선교사들은 돛단배를 타고 수평선 너머로 부터 왔다. 그렇게 다가오는 것을 보고 빠빠라기라고 불렀다.

내 이야기는 『빠빠라기』라는 책으로 엮였다. 이것은 내 연설문을 모아놓은 것이다. 난 기회가 생겨 유럽 여행을 하게 되었다. 빠빠라기들의 생활상을 그때 볼 수 있었다. 기대를 많이 했지만 실망스러웠고 걱정스러웠다. 그런데 빠빠라기들이 섬에 더 많이 오기 시작했다. 내 동포들이 빠빠라기처럼 살아가게 될 수도 있었다. 난 가만히 있을 수가 없었다. 막아야만 했다. 왜냐고? 난 동포들이 빠빠라기처럼 살다가, 빠빠라기처럼 불행해지리란 걸 알았다. 그래서 우리 동포들에게 빠빠라기들의 생활에 대해 이야기해주었다. 한 빠빠라기가 이 연설을 옆에서 듣고 있었다. 그 사람 감동받았다. 그 사람은 내 이야기를 묶어서 책으로 내고 싶어했다. 『빠빠라기』라는 책이 세상에 나왔다.

빠빠라기들은 수를 좇아 사는 인생들이었다 ◉

빠빠라기들은 그들이 행복하지 않다는 것을 알고 있었다. 그들은 열심히 살고 있었다. 하지만 그것은 둥근 쇠붙이나 묵직한 종이(돈)를 얻기 위함이었다. 그것을 얻으면 빠빠라기는 금방 생기가 돌았다. 그들은 자주 말한다. "일하라. 그러면 돈을 얻는다"라고. 그들에겐 하루에 얼마나 돈을 벌 수 있느냐가 중요했다. 그것으로 사람을 평가했다. 그들에게 성품의 고상함이나, 용기, 마음의 빛남은 중요한 게 아니었다. 그래서 그들은 둥근 쇠붙이를 많이 모으기 위해 열심히 돌아다녔다. 가능한 한 많은 물건을 만들어냈다. 그리고 그들은 스스로를 가난하게 만들었다.

  난 그들이 행복해질 수 있도록 말해주었다. 우리 섬에 가면 그런 둥근 쇠붙이를 얼마든지 구할 수 있다고 했다. 그들은 큰 관심을 보였다. 어디에 있는 섬이며, 팔아먹을 만한 귀한 것이 뭐가 있냐고 내게 물었다. 난 섬의 산에 가면 둥근 쇠붙이를 만들어낼 수 있는 돌덩어리가 많다고 했다. 그들은 내 말을 듣고 웃었다. 그리고 둥근 쇠붙이는 그런 돌덩어리와 다르다고 했다. 난 그들의 말을 이해할 수 없었다. 똑같은 쇳덩이에 불과한데 뭐가 다른 것인지 알 수 없었다. 그런데 자세히 보니 둥근 쇠붙이에는 뭔가 새겨져 있었다. 그것은 이런 모양이었다. 1, 10, 50. 바로 이것이 빠빠라기들이 둥근 쇠붙이를 좋아하는 진짜 이유였다. 이것 때문에 그들은 둥근 쇠붙이를 좋아한 것이다.

  1, 10, 50 이런 걸 그들은 수라고 했다. 수란 우리에겐 없는 이상한 것이었다. 둥근 쇠붙이는 수였다. 둥근 쇠붙이에 적힌 수는 그것으로 얼마나 많은 물건과 바꿀 수 있느냐를 나타내는 것이었다. 얼마나 많은 바나나와 바꿀 수 있는지를 나타내는 것이었다.

  빠빠라기들은 누구나 둥글고 작은 기계를 몸에 지니고 다녔다. 굵은 쇠붙이로 만든 사슬을 이용해 목에 걸거나 손목에다가 가죽 끈으로 매기도 했다. 이걸로 그들은 시간을 알아본다. 초, 분, 시라는 것이 있다. 분이 60만큼 모이면 한 시간이 된다. 그보다 훨씬 많은 초가 모여서 또 한 시간이 된다. 복잡해서 전혀 그 뜻을 알 수가 없었다.

  나는 또 '몇 살이냐?'는 질문을 자주 받았다. 난 그게 무슨 말인지 몰랐다. 그래서 웃으면서 '모른다'라고 대답했다. 그러면 그들은 나를 보고 부끄럽지도 않냐고 했다. 그 정도는 알고 있어야 한다고 했다. 몇 살이냐는 것은 결국 달이 생겨서 둥글어졌다가 다시 사라지는 것을 몇

퀸텐 마시스, 〈대금업자와 그의 아내〉, 1514년

남자가 저울을 이용하여 동전의 무게를 재고 있다. 꽤 많은 동전이 쌓여 있다. 남자는 세고 또 세며 이윤을 따질 것이다. 그의 얼굴은 어느 때보다 진지하다. 그 옆에서 아내는 성서를 보고 있다. 세속적인 돈 냄새를 신성의 힘을 빌어 씻어보려는 것일까? 아니면 돈 세는 일이 그만큼 신성하다는 뜻일까? 숫자화된 돈에 사람들은 더 주목하게 되고, 더 매이게 된다. 보라! 벌써 아내의 어깨 너머 문틈으로 돈을 빌리러 오려는 사람들이 이야기를 나누고 있지 않은가?

번 보았느냐는 뜻이었다.

이렇듯 빠빠라기들은 수를 참 좋아했다. 그들은 항상 수를 통해 말한다. 결국 빠빠라기들은 수를 좇아 사는 인생들이었다. 더 큰 수를 차지하기 위한 전쟁을 치르고 있었다. 더 큰 수를 위해 그들은 웃음과 기쁨, 즐거움을 과감하게 버렸다. 수가 삶의 목표였다. 수 없이는 살 수 없는 사람들이다. 수를 통해 관계를 맺고, 관계를 통해 수를 얻는다. 사람, 자연, 위대한 마음은 사라지거나 밀려나 있다. 어리석은 짓이다.

수 없는 세계는 얼마든지 가능하다 ●

유클리드는 수 없는 사회란 있을 수 없다고 했다. 수란 창조 이전부터 존재한다고 했다. 세상을 너무 모른다. 우물 안 개구리다. 웃기는 이야기다. 우리는 수 없이도 잘 살았다. 오히려 더 행복하게 살았다.

수 없는 세계는 얼마든지 가능하다. 수란 선택의 문제다. 빠빠라기들은 이걸 상상하지 못한다. 그들은 나를 보며 원시인 혹은 미개인이라고 불렀다. 이 말은 아직 사람이 아니란 뜻으로 무시하는 말이다. 그런데 누가 미개인인지 묻고 싶다. 몇 살인지 알아서 죽을 날이 멀지 않았음을 알고 초조해하는 사람인가, 아니면 위대한 마음(신)께서 다 알아서 그의 뜻대로 불러들여주신다는 것을 알고 불만 없이 넉넉하게 살아가는 사람인가?

니체 투이아비 추장의 말을 뒷받침하는 증거를 더 제시하고자 합니다. 이 증거는 사회에 따라 수와의 거리가 달라진다는 것을 잘 보여주고 있습니다.

파푸아 뉴기니와 오스트레일리아 사이의 토러스 해협 주변 어떤 원주민 부족은 수를 이렇게 센다고 합니다. 1은 '우라펀(urapun)', 2는 '오코사(okosa)', 3은 '오코사-우라펀', 4는 '오코사-오코사', 5는 '오코사-오코사-우라펀', 6을 넘으면 그냥 '래스(ras, 많다)'. 아마 한 손으로 셀 수 있는 것까지만 세고 그 이상이 되면 많다고 하는 것 같습니다.

뉴기니의 남동부에 있는 파푸아족은 성경 구절 "그들 중에는 38년이나 앓고 있는 병자도 있었다"를 "어떤 사람은 한 사람(20), 양손(10), 5와 3년 동안 앓고 있었다"로 번역해야만 했다고 합니다. 왜 그랬을까요? 그 사회에서는 38이라는 독립적인 수가 없었기 때문입니다. 20이 제일 큰 수였거든요. 성경에는 더 큰 수도 많은데 그 수들은 어떻게 번역되었을지 걱정됩니다. 수 때문에 성경이 훨씬 두꺼워졌을 게 분명합니다.

아즈텍인들에게 가장 큰 수는 8000이었습니다. 앞의 부족들보다는 훨씬 큰 수입니다. 고대 이집트인들의 경우 100만이 제일 큰 수였습니다. 무한이라는 숫자가 있기는 하지만 실용적이기보다는 상징적이었던 것 같습니다.

역사의 아버지라는 헤로도토스가 쓴 『역사』에는 페르시아 왕의 원정에 170만 명의 군사가 징집되었다는 기록이 있습니다. 제법 큰 수들이 등장했죠.

몇 가지 사례만 보더라도 수가 어느 시대에나 보편적으로 사용되는 것은 아님을 알 수 있습니다. 빠빠라기들은 수가 너무나 익숙한, 그런 면에서 굉장히 특별한 사회에 살았던 것입니다. '수 없이 살 수 없다'

는 유클리드 측의 이야기는 사실과는 전혀 상관이 없는 종교적인 믿음에 불과한 것입니다. 유클리드, 어떻습니까?

유클리드 ┊ ……

투이아비 ┊ 유클리드, 하나 묻고 싶다. 내가 사람이냐 아니냐?

유클리드 ┊ …… 사람입니다.

투이아비 ┊ 난 어엿한 사람이다. 사람은 수 없이 살 수 없나?

유클리드 ┊ ……

투이아비 ┊ 수를 볼 때마다 항상 날 떠올려라. 하하하.

1. 빠빠라기의 생활에 대한 투이아비의 묘사가 적절한가요? 아니면 너무 극단적인가요?
2. 수를 통해 그 사회나 사람들에 대해서 추측해볼 수 있다는 주장에 적절한 예를 우리의 일상이나 역사 속에서 찾아보세요.

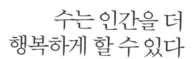

06

수는 인간을 더
행복하게 할 수 있다

칸트 ┃ 니체 측 증인들의 진술을 모두 들었습니다. 니체가 괜히 수에 대해 트집 잡은 게 아니었군요. 수를 기소할 만한 충분한 이유가 있었습니다. 수란 인간의 생활을 편리하게 하는 단순한 도구가 아니었습니다. 수는 인간의 삶에 침투하여 사람들의 사고방식, 관계 맺는 방식 등을 바꾸고 재조직하는 힘을 갖는 무서운 대상이었음을 알게 되었습니다. 유클리드 측에서는 수에 대한 니체 측의 비판을 겸허히 수용해야 할 것입니다.

유클리드 ┃ 으음. 알겠습니다. 니체가 말 꼬투리를 잡아 장난이나 치는 한심한 사람은 아니었던 것 같습니다. 니체 측의 주장은 다음과 같습니다.

'수란 사회에 따라 선택적으로 사용 가능한 것이다. 그리고 수는 대상의 껍데기에 불과한 것만을 보여줄 뿐이다. 그럼으로써 수는 사람들로 하여금 대상에 대한 오해와 착각에 빠지게 하여 경쟁과 갈등으로 몰아간다. 그럼에도 사람들은 수가 보여준 환상에 빠져서 현실을 제대로 보지 못한다.'

우선 수가 선택적이란 것에 대해서는…… 인정하겠습니다. 하지만 나머지 사항은 수를 잘 모르고 하는 이야기입니다. 니체 측 증인들의 학력수준이 상당히 낮아 그런 문제가 발생한 것 같습니다. 갈릴레이의 진술을 통해 그런 오해를 풀어보겠습니다. 갈릴레이, 진술해주십시오.

멋모르는 무식한 작자들이 한 짓 ●

(갈릴레이가 한 손에 망원경을, 다른 한 손에 지구본을 들고 나온다.)

안녕하쇼? 난 갈릴레오 갈릴레이요. 세상에선 근대과학의 아버지라고들 합디다. 이렇게 법정에 서게 되어서 다소 긴장되는구려. 사실 난 법정이라고 하면 아주 치가 떨리는 사람이라오. 법정은 사사건건 나를 방해하고, 내 발목을 잡았지 뭐요. 신실한 기독교인임에도 난 기독교에 의해 법정에 서야만 했소. 왜냐고? '지구가 돈다'는 내 주장 때문이었소. 하지만 난 하느님이 내게 주신 양심에 따라 내가 보고 알아낸 것을 사실대로 말한 죄밖에 없었소. 그런데 왜 그렇게 못살게 했는지…… 아주 지긋지긋했었소.

그래서 난 유클리드가 법정에 대한 이야기를 꺼내자마자 거절했소. 다시는 법정 근처에도 가고 싶지 않다고 못박았지. 게다가 법정은 내게 커다란 불명예를 안겨줬소. 법정에서 난 내 양심을 속이고 내 주장을 포기해야만 했소. 사람들은 이런 나를 보고 비겁하다느니, 살기 위해서 진리를 팔아먹었다느니 하면서 비판을 해댔지. 내 체면이 말이 아니었소.

갈릴레이(1564~1642)

그런데 난 동시대의 조르다노 브루노와 비교되곤 했소. 그 친구는 '우주는 무한하게 퍼져 있고 태양은 그중 하나의 항성에 불과하며 밤하늘에 떠오르는 별들도 모두 태양과 같은 종류의 항성이다' 라는 무한우주론을 주장했소. 이 주장 역시 기독교인들에게는 무척이나 귀에 거슬리는 이야기였소. 교회 측에서는 주장을 철회할 것을 요구했지만 이 친구는 자기 주장을 굽히지 않았소. 이 친구는 결국 화형을 당했지. 그와 비교되면서 난 상대적으로 더 비참해졌소.

유클리드는 떠나가려는 나를 붙잡고 이 법정이 어떤 문제를 다루는지 설명해줬소. 인간불행죄로 기소당한 수에 대한 법정이라고 했소. 그러면서 과거 법정에서 보여준 내 부끄러운 행동에 대해 속죄해야 되지 않겠냐고 설득했소. 법정에서의 실수이니 법정에서 명예를 회복해야 한다나. 그 말이 내 발걸음을 멈추게 했소.

수를 인간불행죄로 기소했다고! 무슨 소리! 내가 기소했다면 말이 될 거요. 난 수라는 진리의 등불을 끄려는 어둠의 세력에 의해 불행하게 희생되었소. 하지만 그건 수 때문이 아니라 수에 대한 오해와 이해의 부족에서 생긴 것이었소. 멋모르는 무식한 작자들이 한 짓이었지.

그들은 그들을 구원하러 온 '수'라는 구세주를 핍박하여 죽인 것이란 말이오. 그런 무식함은 오직 수에 의해서만 벗겨질 수 있소. 내 그걸 보여주리다.

혼란스러운 시대 ●

내가 살던 시대는 참으로 혼란스러운 시대였소. 다양한 주장과 이론, 종교 등이 뒤섞여서 무엇이 옳으며, 무엇이 진리인지 판단한다는 것이 거의 불가능한 시대였다오. 하나의 대상이나 현상에 대해 여러 가지 주장과 해석들이 존재했고 또 가능한 시대였다오. 왜냐하면 동일한 대상에 대한 고대적, 중세적, 근대적 이미지가 중첩되어 있었거든.

'고대적'이란 고대 그리스 시대의 철학과 과학, 특히 아리스토텔레스를 중심으로 한 철학과 과학을 뜻하는 것이오. 인쇄술이라는 신기술이 등장하면서 고대의 학문들은 더 많은 사람들에게 알려지게 되었소. 그러다 보니 고대 철학자들의 다양한 주장뿐만 아니라 그 주장에 대한 또 다른 해석과 주장까지 넘쳐났다오.

'중세적'이란 중세적인 세계관, 가톨릭적인 세계관을 말하는 것이오. 신앙과 신학, 성서가 중심이 되는 세계관이오. 성서와 신학은 중세 유럽인들의 생활이자 판단의 근거였소. 지식인이라고 하는 사람들도 기본적으로 신앙을 저버리지 않고 유지하는 것이 일반적이었지. 그래서인지 때로는 비상식적이고 희한한 일들이 벌어졌소. 마녀사냥이 대표적인 예라오. 마녀라는 명목으로 수많은 사람들이 죽어갔소. 또한 성서가 보급되면서 성서에 대한 다양한 해석과 계시 또한 쏟아져 나왔소. 종교혁명과 30년 전쟁도 그러한 과정에서 발생한 것이오.

이 정도만으로도 벅찬데 여기에 근대적인 모습들도 등장했다오. 근대적인 면모는 과학을 필두로 해서 등장했소. 과학은 사물을 있는 그대로 볼 것을 주장했소. 그 이전에 사람들은 성서나 고대 철학자들의 권위에 의존하여 사물을 바라보고 이해했었소. 그러나 과학은 그런 기존의 권위 대신에 경험과 실험에 의존할 것을 강조했다오.

우주는 수학의 언어로 쓰였다 ◉

이렇듯 내가 살던 시대는 무엇을 믿고 따라야 하는지 너무나 헷갈렸던 시대였소. 사람들끼리 패가 갈리고 서로 싸우는 경우가 많았지. 천동설과 지동설의 문제가 가장 대표적인 경우라오.

아리스토텔레스와 성서의 권위를 인정했던 사람들은 전통적으로 지구가 우주의 중심에 있으며, 지구를 중심으로 다른 별들이 움직인다는 천동설을 굳게 믿었소. 하지만 모든 고대인들이 그런 것은 아니었다오. 피타고라스 학파나 아리스타쿠스 같은 사람들은 지구가 움직이고 있다는 다른 주장을 펼치기도 했소. 고대의 책들이 보급되면서 그러한 사실들이 새롭게 밝혀졌지. 하지만 근대인들에겐 주장이 아니라 증거가 필요했소.

나는 망원경을 만들어서 우주를 관찰해 중요한 사실들을 발견하게 되었소. 난 달에 주름이 있다는 것을 발견했는데 아리스토텔레스는 천상의 별은 완전하여 완벽한 구라고 주장을 했었지. 하지만 실제는 그렇지 않았소. 그리고 난 금성의 위상이 변한다는 것과 목성에도 위성이 있다는 것을 발견했다오. 이것은 모든 별들이 지구를 중심으로 돌고 있지 않다는 걸 보여주는 것이었소. 그 결과 나는 지동설을 확신하게 되었고 그렇게 주장을 하게 되었다오.

난 주장은 주장일 뿐이며, 과학만이 당대의 혼란을 해결할 수 있음을 확신했소. 과학적 사실만이 사물에 대한 정확한 이미지를 제공해줄 수 있었던 거요. 그런 내 판단을 남들에게 증명하기 위해서는 내 이론을 뒷받침해줄 뭔가가 필요했소. 그때 내 눈에 들어온 것이 바로 수였소.

수는 길이나 크기를 나타내는 것으로 정확한 특성을 갖고 있소. 모든 사람들이 다 그렇다고 인정을 하오. 틀림이 없지. 그래서 난 모든 현상을 수로 판단하고, 수로 표현하려고 노력했다오. 이렇게 말하기도 했지.

> "철학은 이 웅장한 책—우주—에 쓰인다. 이 책은 우리 시야 앞에 항상 펼쳐진 채 서 있지만, 그 언어를 이해하고 그 언어를 쓴 문자를 해석하는 법을 먼저 배우지 않으면 이해할 수 없다. 그것은 수학의 언어로 쓰여 있으며, 그 문자는 삼각형, 원 및 그 밖의 기하학적 도형이다. 이것들이 없다면 인간의 힘으로는 단 한 단어도 이해할 수 없으며, 이것들이 없다면 우리는 캄캄한 미로 속에서 방황할 것이다."

사람들은 점점 더 수를 활용하기 시작했다오. 대(大) 피터 브뢰겔이 1560년경에 완성한 〈절제〉라는 판화를 봅시다. 그림 상단의 중앙에는 북극에서 달과 인근 별 사이의 각거리를 측정하려는 어느 천문학자가 묘사되어 있소. 바로 그 아래, 한 동료도 비슷한 방법으로 지구 위의 두 지점 간의 거리를 측정하고 있지. 거기서 조금만 오른쪽 밑으로 내

대(大) 피터 브뢰겔, 〈절제〉, 1560년

려오면 한 무더기의 측량 도구들—나침반, 석공이 쓰는 직각자, 둥근 진자 같은 것—과 그것을 사용하는 사람들이 몰려 있소.

이렇듯 우리 시대에는 그 이전에는 측정할 수 없다고 여겼던 것들을 수로 나타내고자 노력했다오. 시간이라는 신비한 현상도 시계를 통해 측정하게 되었소. 수는 보이지 않는 것을 보이게 해주는 신비한 마력을 갖고 있다오. 그 마력을 바탕으로 우리는 측정하고, 조합하고, 연구하고, 기록하며 새로운 세상을 만들어간 것이오.

니체 존경하는 재판장님, 지금 여기가 어디인가요? 갈릴레이는 지금 수에 대한 찬양만을 길게 늘어놓으며 사람들이 수에 현혹되도록 하고 있습니다. 계속 들어야만 하는 건가요? 유클리드, 지금 여기를 혹

금을 만들어내기 위한 연금술사의 작업실이다. 갖가지 도구들이 여기저기 널려 있다. 측정하고, 담고, 옮기고, 자르고, 불을 지피고, 물질을 더 추가하며 실험에 열을 올리고 있다. 맨 오른쪽의 사람은 책을 펼친 채 작업과 이론을 비교하며 지휘하고 있다. 연금술은 마술이 아니었다. 물질에 대한 분석과 조합, 실험 등이 어우러진 과학이었다. 수와 과학이 중심이 되는 새로운 세계는 이렇듯 만들어져 갔다.

시 강의실로 착각하고 과학강사를 데려온 거 아닌가요?

칸트 니체 측의 이의 제기를 인정합니다.

유클리드 미안합니다. 이제 진술을 마무리하도록 하겠습니다.

수학의 확실성을 부인하는 사람들은 항상 혼돈뿐 ●

미안하오. 내 경험담을 마저 들어주시오. 1583년 어느 날 난 피사의 한 성당 안에서 천장에 매달려 흔들리고 있는 등을 바라보게 되었다오. 그 모습을 바라보다가 문득 이런 생각이 들었소. '저 등이 왔다 갔다 하는 주기는 일정할까 아니면 이동하는 폭에 따라 다를까?' 무척 궁금해졌소. '어떻게 알 수 있을까' 하고 고민했지. 난 맥박 수를 이용하여 등이 한 번 왕복하는 데 걸리는 시간을 측정해보았소. 결과는 놀라웠지. 보기와는 다르게 등의 폭에 상관없이 왕복하는 데 걸리는 시간은 동일하다는 것을 발견했소. 진자의 등시성을 발견하는 순간이었지.

난 또 수를 이용해서 낙하하는 물체에 관한 새로운 사실도 밝혀낼 수 있었다오. 그때까지 사람들은 무거운 물체가 가벼운 물체보다 먼저 떨어진다는 아리스토텔레스의 주장을 아무런 생각 없이 믿고 있었소. 하지만 내 생각에 무게는 중요할 것 같지 않았소. 실험을 해봐야겠다고 마음먹었소. 결국 난 피사의 사탑에서 무게가 다른 두 물체를 떨어뜨린 실험을 통해 무게가 다른 물체가 동시에 떨어진다는 사실을 증명했다오. 이후 낙하하는 물체의 이동거리는 시간의 제곱에 비례한다는 것도 발견하게 되었다오.

이 모든 일들은 수가 없었다면 불가능하거나 불완전했을 것이오. 수가 있었기에 새로운 발견을 하고, 증명할 수 있었소. 수가 없었다면 우리는 보이는 대로 판단하고, 전해진 대로 믿고 살았을 것이오. 그러다 싸우고, 다투고……

오직 수만이 그러한 갈등을 잠재울 수 있다오. 왜? 수는 정직할 뿐만 아니라 명확하기 때문이오. 수는 누구에게나 동일한 것이오. 만능 천재였던 레오나르도 다 빈치도 수의 이런 특성을 잘 간파하여 이런 말을 했다지.

> "수학의 확실성을 부인하는 사람들은 항상 혼돈 속에서 살아갈 수밖에 없으며 영원한 모순을 야기하는 철학의 갈등 상황을 결코 잠재울 수 없다."

수는 우리가 원하는 구원의 세계를 보여주는 유일한 언어였소. 모든 대상은 수를 통해 명확해졌으며, 모든 갈등은 수를 통해 조정되었소. 수에 다다른 인식만이 온전한 인식이라 할 수 있었소. 측량할 수 있는 것은 측량해야 하고, 측량할 수 없는 것은 측량할 수 있는 것으로 만들어야 했소. 그래서 우린 사회의 구석구석에 이르기까지 수를 보급하고 사용했다오. 수학, 과학뿐만 아니라 철학, 예술, 정치 등의 전 영역에서 수와 사회의 관계는 더욱 긴밀해졌소.

수는 대상의 껍데기만을 보여줄 뿐이라고 했지요? ●

수로 표현할 수 있는 것에는 한계가 있다는 이야기인데, 그렇게 생각하시오? 꼭 그렇지만은 않은 것 같소이다. 시간의 경우를 봅시다. 수로 나타내기 전까지 시간은 미지의 영역이었소. 신비한 것이었지. 하지만 수를 통해 시간의 은밀한 속성은 드러나게 된 것이라오. 이런데도 수가 보여줄 수 있는 것이 껍데기뿐이라고 말할 수 있소?

모모는 시간을 숫자화한 것이 문제라고 했소. 아마 시간에 대한 착각을 불러일으켰다고 했지. 하지만 곰곰이 생각해보시오. 시간을 숫자화하지 않았다면 시간에 대해 그렇게 깊게 생각해볼 수 있었을까? 시간에 대한 그러한 반론도 알고 보면 수 때문에 가능한 것이었소. 크게 보면 수 안에서 그런 생각도 가능했던 것이오. 그만큼 수는 우리의 인식 영역을 확대해주고 풍부하게 해준 거요.

어린왕자는 가장 중요한 것은 눈에 보이지 않는다고 했소. 그리고 수는 그것을 나타낼 수 없다고. 그런데 가장 중요하다는 게 도대체 뭐요? 그게 뭐기에 그렇게 꽁꽁 숨겨놓고 말을 않는 것이오? 말할 수 없고, 보이지 않는 것은 사실 아무것도 없는 것 아니겠소? 무슨 미련이 남았다고 자꾸 쳐다보는지 모르겠소.

수는 모든 것을 나타낼 수 없소. 인정하오. 하지만 수로 나타낼 수 없는 것은 맞고 틀린지의 여부 또한 나타낼 수 없다는 점을 명심해야 하오. 그런 것들은 지극히 개인적인 신념이나 느낌의 문제들이지 집단으로 확대할 수 없는 것들이오. 따라서 인식이라 할 만한 것들은 수라는 테두리 안에 머물고 있다오. 그것을 벗어난 것들은 입증될 수 없소.

니체 측에서 수에게 덮어씌운 혐의들은 모두 입증 불가능한 것들이라오. 그들의 주장에 일리가 있다고 하더라도 그것은 법정에서 시비를 가릴 수 있는 것들이 아니오. 따라서 '인간불행죄'란 명목으로 기소된 수에는 당연히 무죄가 선포되어야 한단 말이오. 알겠소?

수에는 이상한 성질이 있다! ●

유클리드 : 존경하는 재판장님, 갈릴레이는 수가 인간을 더 행복하게 할 수 있다는 점과 수에 대한 혐의 자체가 입증 불가능하다는 것을 분명하게 말해주었습니다. 고로 수는 무죄입니다.

니체 : 시대의 아픔을 치유하고자 했던 갈릴레이의 노력에는 박수를 보내드리고 싶습니다. 수가 갈등의 치유자 역할을 한 셈이로군요. 그런 역할을 할 수도 있다는 점 인정합니다. 그런데 갈릴레이, '수에 대한 혐의 자체가 입증 불가능하다'는 당신의 주장을 어떻게 입증하시겠습니까?

갈릴레이 : 그걸 입증하라고…… 으음…… 그건 생각을 좀 해봐야 할 것 같소. 시간을 좀 주시겠소?

니체 : 완벽한 입증이란 없습니다. 그것은 과학에서도 마찬가지지요. 지구가 태양을 돈다는 것을 어떻게 증명할 수 있습니까? 설령 오늘 그렇다 할지라도 내일도, 모레도 그렇다라는 것을 어떻게 증명할 수 있단 말입니까?

갈릴레이 : ????

니체 : 갈릴레이, 당신은 수가 인간 인식의 최고 단계인 양 떠들어댔습니다. 수가 모든 문제의 해결책이라고도 하셨습니다. 수란 그만큼 정교하고 빈틈이 없는 것이란 이야기이시죠?

갈릴레이 : 그렇소. 수란 완벽하다오.

니체 : 헤헤. 그러나 수에는 이상한 성질이 있다는 거, 당신이 더 잘 아시지 않습니까?

갈릴레이 : ……

니체 당신은 언젠가 1, 2, 3, 4와 같은 자연수와 1, 4, 9, 16과 같은 '자연수의 제곱수'를 가지고 놀다가 이상한 점을 발견했습니다. 당신은 무한의 범위에서 자연수와 제곱수 중 어느 것이 더 많을까를 생각했죠. 처음엔 당연히 자연수가 더 많을 거라고 생각했습니다. 왜냐하면 제곱수의 집합은 자연수 집합의 부분집합이기 때문이죠.

그런데 당신은 자연수 하나에 제곱수 하나를 계속 대응시킬 수 있다는 것을 발견했습니다. 제곱수의 개수가 자연수의 개수보다 작지 않다는 뜻입니다. 기억나시죠?

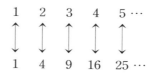

갈릴레이 참 신기한 발견이었소. 난 의문으로 남겨둘 수밖에 없었다오.

니체 인정하시는군요. 당신이 그렇게 자랑하던 수에는 이와 같이 독특하면서도 이상한 문제들이 있습니다. 이런 문제는 더 있을 겁니다. 진정 수는 완전한 것일까요? 부분과 전체가 같다는 게 말이 되는 이야기입니까?

수는 단순한 도구가 아닙니다. 수는 독특한 성질을 지니고 있습니다. 바로 이런 성질들이 사람들의 생활과 사고방식 자체에 영향을 주게 됩니다. 고로 수는 새로운 문제의 진원지가 될 수 있습니다. 편리한 측면만 보고 수를 막 사용하면 예상치 못한 문제에 부딪칠 수 있다는 걸 아셔야 합니다.

갈릴레이, 당신은 이런 점을 전혀 고려하지 않았습니다. 무책임한 행동이었던 겁니다. 따라서 당신의 진술은 모모나 어린왕자의 진술이 옳다는 것을 역으로 입증할 따름입니다. 그렇지 않습니까?

갈릴레이 동의할 수 없소. 그 주장에 대해 내 다시 반박……

유클리드 으음…… 갈릴레이! 그만 하시는 게 좋을 것 같습니다. 다음 증인인 에셔가 보충해서 진술할 것입니다. 에셔, 진술해주십시오.

1. 갈릴레이가 자연 법칙을 수학으로 표현한 식의 예를 찾아보세요.

2. 무한의 세계에서 자연수와 제곱수의 개수를 비교하여 결론을 내려보세요.

3. 수가 인간을 행복하게 해준다는 주장에 적당한 예를 찾아보세요.

07

손이 예쁘지 않다고
손을 잘라버릴 수
있습니까?

판화가 에셔(M. C. Escher)입니다. 제가 마지막으로 진술하게 되다니 무척 영광입니다. 지금까지의 진술을 들으면서 작품으로 만들어보고 싶은 아이디어를 많이 얻을 수 있었습니다. 매우 흥미로웠습니다.

전 1898년에 네덜란드에서 태어났답니다. 하를렘건축공예학교에서 과목의 하나로 수강했던 것이 판화였습니다. 그때 판화의 세계를 알게 된 이래 평생을 판화 제작하는 데 몰두해왔습니다. 판화쟁이라고나 할까요! 그런데 저에겐 수학과의 독특한 경험이 있었습니다.

그 경험을 이야기하기 위해서는 제 판화세계를 이해해야만 합니다. 그래서 잠깐 판화에 대해 설명하겠습니다. 그러니 법정과 무관한 이야기라고 중단치 말아주시고 끝까지 들어주시기 바랍니다.

판화 제작 기술을 착실하게 배웠답니다 ●

전 원래 대학에서 건축학과를 다녔습니다. 그러다가 판화 과목 교수님의 권유로 판화의 세계에 입문하게 되었답니다. 처음 제 작품들은 별로 특별하지 않았습니다. 아버지나 여인, 자화상 또는 다른 사람의 모습을 작품화하기도 했습니다. 철도, 새, 고양이, 나무, 토끼와 같은 자연물이 대상이 되기도 했고, 인간의 타락이나 천국과 같은 이미지가 대상이 되기도 했습니다. 구체적인 사물이나 장면을 작품으로 표현한 거죠.

그 당시 저는 학교를 다니면서 판화 제작 기술을 착실하게 배웠답니다. 이 기술이 밑받침이 되어 훗날 나만의 색깔 있는 작품을 제작할 수 있었습니다.

학교 졸업 후 전 이탈리아로 여행을 갔습니다. 거기에서 한 여자를 만났고, 그 여자와 결혼하여 로마에 정착하게 되었죠. 이 11년의 기간 동안 이곳저곳을 여행하면서 아름다운 풍경을 작품으로 만들어냈습니다. 때론 거리의 모습을, 때론 아름다운 건축물을, 때론 인상적이었던 나무를 작품화하기도 했습니다. 로마, 시칠리, 코르시카, 카스트로발바 같은 이탈리아의 여러 지역을 작품에 담았습니다. 특히 시칠리나 로마의 밤 풍경을 표현한 작품이 많습니다. 그렇게 여행을 하며, 작품을 만들어가는 건 무척이나 즐거웠습니다. 하지만 이 시기에 풍경화만을 그린 것은 아니었답니다. 로마의 대성당 내부와 같은 유적이나 유물의 일부분, 혹은 자화상을 작품에 담기도 했습니다.

그리고 약간 미묘한 구석이 있는 작품도 서서히 만들어내기 시작했습니다. 반사하는 구를 들고 있는 손을 그린 작품이 대표적입니다. 이 작품은 구를 작품화한 것인데, 이 구에는 구를 들고 있는 나와 내 방의 모습이 담겨 있습니다. 그런데 그 모습은 휘어지고 일그러져 있죠. 중세시대에 신기한 그림을 그렸던 히에로니무스 보스의 작품을 본떠 지옥의 모습을 그리기도 했습니다.

자신의 내면 환상을 그리기 시작했습니다 ◉

그러다가 제 작품에 매우 큰 변화를 준 결정적인 계기를 맞이하게 됩니다. 1936년에 저는 스페인에 있는 알함브라 궁전을 두 번째 방문하게 되었습니다. 그 이후 전 더 이상 풍경화를 작업하지 않고 자신의 내면 환상을 그리기 시작했습니다.

평면을 일정한 모양으로 채워나가는 테셀레이션은 제가 좋아하는 주제였습니다. 전 알함브라 궁전에 있는 수많은 타일 벽과 바닥을 보면서, 이슬람인들이 서로 겹치는 유사한 형상들을 빈틈없이 배열하여 평면을 채워나가는 기술의 대가였음을 알게 되었습니다. 그런 테셀레이션의 대표적인 문양들을 볼까요.

전 이런 무늬에 감동받았습니다. 그래서 테셀레이션 작품을 만들어 보기 시작했죠. 무척 재미있더군요. 사람들도 신기하다는 반응을 보였습니다. 그 외의 다른 주제를 다룬 재미난 작품들을 계속 만들어냈습니다.

수학 공부, 제겐 너무나 큰 고통이었습니다 ◉

사실 전 수학과는 거리가 먼 사람이었습니다. 고등학교에 다닐 당시, 저는 수학과 대수학의 열등생이었습니다. 숫자와 글자의 추상화에 대해서는 아직도 애를 먹고 있습니다. 상상력을 사용해야 하는 기하학에서는 사정이 조금 낫긴 했지만, 어쨌든 학창 시절 수학 과목에서 우등생이었던 적은 한 번도 없었습니다.

수학을 공부해야 한다는 것은 제게 너무나 큰 고통이었습니다. 판화 작품에서도 확인할 수 있듯이 제겐 인내와 끈기가 충분히 있었습니다. 섬세하고 지루한 일도 잘 해낼 수 있었지요. 하지만 수학 공부는 도저히 할 수가 없었습니다. 수나 수학이 없어져버렸으면 좋겠다고 생각한 적도 많았답니다. 대학에 들어가면서 다시는 수학을 접하지 않아도 된다는 생각에 기뻐했지요. 아마 대부분의 사람들은 저와 같은 경험을 하면서 살아갈 것입니다. 불행한 일이죠.

유클리드 ┃ 존경하는 재판장님, 증인과 잠시만 면담하고 싶습니다.
니체 ┃ 지금은 증인의 진술 중입니다. 진술을 잘하고 있는데, 끊어서는 안 됩니다.

칸트 : 허용해도 별 상관 없는 것 같습니다. 허용합니다.

유클리드 : (에셔에게 속삭인다.) 에셔! 지금 도대체 무슨 이야기를 하고 있나? 제정신이야? 누구 죽는 꼴 보려고 작정했나? 좋아하는 니체의 얼굴이 안 보여?

에셔 : 참, 성질 급하긴. 내게 맡겨둬. 얼른 하자고.

(에셔가 진술을 다시 시작한다.)

그러나 전 수학 공부의 따분함과 어려움을 말하려고 이곳에 온 게 아닙니다. 오히려 수학과의 질긴 인연에 대해 이야기하려 합니다. 전 수학과 아무런 상관 없이 작품 활동을 해왔습니다. 제 작품을 보고 사람들은 관심을 보이기 시작했습니다. 그중에는 전혀 의외의 부류도 있었는데, 수학자나 결정학자들이 바로 그런 사람들이었습니다.

수학자들은 제 작품을 보면서 매우 수학적인 그림이라고 평가를 했습니다. 대칭을 소재로 한 작품들이 합동, 닮음, 평행이동, 대칭, 회전이동, 반사 등의 다양한 관계를 잘 표현해주고 있다는 것이었습니다. 수학자들과의 만남은 예상치 못한 경험이었습니다.

수학자들과의 친교에 기쁨을 느꼈습니다 ●

그들은 종종 제게 새로운 생각의 지평을 열어주었고, 우리는 때때로 서로의 생각을 발전시키는 자극제가 되었습니다. 수학자들과 교류하면서 전 재미있는 상상을 해보고, 그런 상상을 작품으로 표현해가기 시작했습니다.

제 작품의 주제들은 유희적입니다. 저는 반박할 수 없는 확실성을 가지고 장난하는 것을 좋아했습니다. 예를 들어 저는 2차원과 3차원, 평면과 공간을 혼합하고 중력을 무시하면서 즐거움을 느낍니다. 또한 다음과 같은 상상을 해보기도 했습니다.

'평평한 바닥은 천장이 될 수 있지 않을까?'

'계단을 오르면 더 높은 평면에 도달하는 것이 과연 확실한 것일까?'

'달걀 반쪽은 또한 빈 껍질 반쪽이 될 수 있는 것이 아닐까?'

그래서 전 그런 상상을 작품으로 표현해봤습니다. 초현실주의적이라고 해도 무방할 것입니다. 제 그림은 언뜻 보면 별 문제가 없어 보입니다. 그러나 자세히 보면 어딘가 비현실적이죠.

수학을 갖고 노는 거였습니다 ●

전 작품을 수학과 무관하게 구상하고 제작하였습니다. 그러나 그 작품은 철저히 수학적이었습니다. 수학을 싫어하고 어려워했음에도 수학적인 작품이 되어버렸습니다. 전 나중에 이 사실을 인정하고, 수학적인 개념과 아이디어를 적극적으로 받아들여 작품화했습니다.

하지만 전 수학자가 아닙니다. 수학적으로 살고 싶지도 않았습니다. 그래서 제가 찾은 방법은 수학을 갖고 노는 거였습니다. 수학적 개념에 존재하는 틈이나 한계 등을 찾아 드러내거나, 기존의 수학적 공간과는 다른 새로운 공간을 현실처럼 만들어내는 것이었습니다. 결과는 성공적이었습니다.

니체 측에서는 수를 인간불행죄로 기소했습니다. 전 니체 측 증인들

레오나르도 다 빈치, 〈모나리자〉, 1503~06년

모나리자는 항상 신비의 미소를 짓고 있다. 그 미소는 언제나 살아 있다. 다 빈치는 어떻게 그런 미소를 창조했을까? 그는 수(數)를 활용하여 치밀하게 계산하고 분석했다. 구도, 인체의 비례, 원근법, 명암법 등등. 수가 없이 다 빈치의 예술은 존재할 수 없었다. 수는 삶 깊숙한 곳, 예술에서도 중요한 역할을 수행하였다. 그래서 그는 '수학자가 아닌 사람들로 하여금 나의 연구 업적을 접하지 못하도록 하라'라고도 했다. 수를 통해 대상은 정확히 인식되며, 정확히 묘사될 수 있기 때문이다. 미소를 이해하기 위해서도 수학을 이해해야 하다니! 그래서 모나리자는 웃고 있는 게 아닐까?

의 모든 진술에 공감합니다. 저 역시 수로부터 벗어난 세상을 꿈꾸었기 때문입니다. 하지만 중요한 것은 우리가 이미 수에 익숙해져 있다는 것입니다. 수로 가득한 세상에서 이미 우리는 충분히 수학적인 사고를 하고 있다는 것입니다. 저의 작품이 수학적이었던 것처럼.

전 심정적으로는 모모나 어린왕자, 투이아비의 입장을 지지해주고 싶습니다. 하지만 우리는 우리의 현실을 냉철하게 봐야 합니다. 수는 이미 우리 안에 들어와 몸의 일부가 되어버렸습니다. 우리 몸이 되어 우리와 함께 해온 것입니다.

따라서 수에 대한 법정은 무의미합니다. 수에 대한 판단은 우리 자신에 대한 판단이며, 수에 대한 심판은 우리 스스로에 대한 심판입니다. 수가 싫다고 수에 인간불행죄란 죄목을 씌워 사형을 선포한다는 것은 우리 스스로에게 사형을 선포하는 것과 같습니다. 자기 손이 예쁘지 않다고 손을 잘라버릴 수 있습니까? 니체! 그렇게 할 수 있습니까?

니체 그럴 수는 없습니다.

유클리드 그렇다면 수에 대한 인간불행죄를 취하해야 하는 것 아닙니까?

니체 ······

1. 에셔의 작품을 찾아보고, 수학과 관련하여 해석해보세요.

2. 에셔의 작품 〈올라가기 내려가기〉, 〈뫼비우스의 띠〉를 찾아보고 이상한 점을 찾아 이야기해보세요.

3. 위의 두 작품에서와 같은 이상한 공간은 수학적으로 맞지 않습니다. 그런데 공간이 이상한 것이 아니라 우리의 수학이 잘못되었거나 부족하기 때문일 가능성은 없을까요?

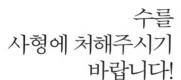

08

수를
사형에 처해주시기
바랍니다!

칸트 │ 모든 증인들의 진술을 들었습니다. 수에 대한 다양한 입장과 견해가 소개되었습니다. 이제 판결을 내려야 합니다. 검사인 니체는 구형과 구형의 이유에 대해서 밝혀주시기 바랍니다.

니체 │ 본 검사는 수를 인간불행죄로 기소했습니다. 세 명의 증인을 통해 기소의 이유를 충분히 설명했습니다. 하지만 변호인 측에서는 본 기소가 타당하지 않다고 진술했습니다. 본인은 갈릴레이와 에셔의 진술을 듣고 수에 대해 새로운 것을 많이 알게 되었음을 시인합니다.

하지만 중요한 사실은 수가 인간을 불행하게 하는 일들이 여전히 버젓이 일어나고 있다는 점입니다. 이런 불행한 일들은 수의 유익함에 비해 너무나 크고 심대한 것입니다. 수가 주는 유익함은 편리함이지만,

그 편리함을 얻기 위해 치러야 하는 대가는 인간의 삶 자체입니다. 이러한 점을 고려할 때 변호인 측의 주장이 의미 있었던 것은 사실이지만, 유클리드의 주장대로 본 소송을 취하한다는 것은 있을 수 없는 일입니다.

따라서 본 검사는 수의 인간불행죄가 인정된다고 확신합니다.

그리고 그에 대한 죗값을 치르기 위해

사형을 구형하는 바입니다.

그 이유는 사형 이외에는 수로부터 인간을 구원할 방법이 없기 때문입니다. 수를 수학의 공간에만 가둬두는 것도 고려해봤으며, 수에 족쇄를 채우는 것도 고려해봤습니다. 그러면 수를 제한하고 길들일 수 있을 것 같기도 했습니다. 그러나 수의 뿌리가 워낙 견고하고 깊기에 사형 이외에는 수에 의한 불행을 막을 수 없다는 결론에 이르렀습니다.

존경하는 재판장님, 본 검사의 구형 이유는 너무도 명백합니다. 수를 사형에 처해주시기 바랍니다.

칸트 사형이요? 의외로 세게 나오시는군요. 구형 이유에 대해서는 충분히 이해했습니다. 유클리드, 최후 변론을 해주시기 바랍니다.

유클리드 니체처럼 저 역시 수에 대해 새롭게 느낀 것들이 많았습니다. 진술을 들으면서 천당과 지옥을 왔다 갔다 했습니다. '우물 안 개구리'라는 말을 들어보기까지 했습니다.

니체는 수에 대해 사형을 요구했습니다. 전 충분히 그 입장을 이해할 수 있습니다. 그만큼 절박하고, 그만큼 다른 방법이 없기 때문일 것입니다. 아마도 니체는 스스로도 수에 대해 사형을 요구하는 것이 적절치 않다고 느꼈을 것입니다. 할 수만 있다면 사형이 아닌 다른 방법으로 수와의 동거를 요구했을 것입니다. 하지만 달리 방법이 없었겠지요.

수가 인간을 불행하게 한 측면이 있다는 점은 인정합니다. 하지만 이는 의도하지 않은 것으로서 하나의 부산물에 불과한 것입니다. 그것도 인간의 실수에 의해 발생한 것입니다. 그러므로 그것만을 보고 죄가 있다고 할 수는 없습니다. 만약 이처럼 한 면만 보고 판단한다면, 우리는 또한 수에 대해 감사패라도 줘야 할 것입니다.

현명하신 재판장님, 전 니체의 사형 요구를 심정적으로 충분히 이해합니다. 하지만 법정에서 구형을 감정적으로 해서는 안 됩니다. 따라서,

니체의 사형 요구는 무리한 주장으로서
당연히 기각되어야 합니다.
애당초 수를 기소한 것 자체가 너무나 감정적이고 즉흥적이었습니다.

'선고 포기'를 선언합니다 ●

칸트 ┃ 니체와 유클리드의 마지막 진술을 들었습니다. 니체는 수에 대해 사형을 요구했고, 유클리드는 그에 반대하며 무죄를 주장했습니다. 겉으로 보기에는 처음의 입장과 전혀 달라진 것이 없습니다. 그러나 재판의 진행 과정에서 양측 모두 상당히 많은 교류와 공감이 있었습니다. 상대의 입장을 조금은 더 이해할 수 있었으며, 수의 다양한 면모를 확인할 수 있었습니다. 양측 모두 최선을 다해준 것에 대해 감사드립니다.

수가 인간을 불행하게 한다는 니체의 주장이 억지라고는 할 수 없습니다. 모모, 어린왕자, 투이아비는 니체의 주장에 충분한 근거가 있다는 것을 잘 보여줬습니다. 유클리드 측 역시 이 점을 인정했습니다. 따라서 니체가 감정적이고 즉흥적으로 수를 기소했다는 유클리드의 주장은 정당하다고 할 수 없습니다. 하지만 니체 측의 주장이 수의 일면만을 고려한 것이라는 유클리드의 주장은 타당하다 생각됩니다. 이런 점을 고려해 선고하겠습니다.

수의 '인간불행죄'에 대해 본 법정에서는
......
'선고 포기'를 선언합니다.

수의 경우 인간불행죄라 할 만한 사실적 증거와 정황은 존재합니다. 따라서 유죄 선고가 충분히 가능합니다. 그러나 수가 인간을 행복하게 했다는 증거와 정황 또한 여전히 존재합니다. 그렇게 본다면 수는 무죄입니다. 이렇게 수는 인간 불행에 대해 유죄라고도 할 수 있고, 무죄라고도 할 수 있습니다.

그렇지만 수에 대해 명확하게 유죄 또는 무죄라고 할 수 없습니다. 어느 쪽이든 증거가 불충분하며, 반대의 증거 역시 존재하기 때문입니다. 따라서 본 법정에서는 본 사건을 미해결 문제로 역사에 남겨두고자 합니다. 아마도 언젠가 누군가에 의해 수는 다시금 법정에 설 수도 있을 것이며, 누군가에 의해 선고를 받을 수도 있을 것입니다. 현 상태에서는 역사의 그 누군가에게 선고를 넘기는 것이 가장 합당하다고 판단되어 선고 포기를 선언합니다.

하지만 니체 측과 유클리드 측 모두에게 하나의 명령을 내리고자 합니다. 이번 재판은 수에 대한 궁금증, 관심, 불안, 고마움, 걱정 등을 불러일으켰습니다. 수라는 판도라 상자가 열린 것입니다. 이 일은 재판에 참여했던 양측에 의해 이뤄진 것입니다. 따라서 양측은 이 일에 책임을 져야만 합니다. 상자를 열어만 놓고 닫지 않는다면 수는 종횡무진 날아다니며 더욱 활개치게 될 것입니다.

양측은 이 문제를 매듭지어야만 합니다. 재판 중 제기되었던 문제들에 대해 나름대로의 결론을 내려주셔야 합니다. 공방을 계속하든, 치고 박고 싸우든 양측이 상의하여 방법을 결정하시기 바랍니다. 그 후 활동의 내용을 보고서로 제출할 것을 명령합니다. 이 보고서는 앞으로 많은 사람들에게 유용한 참고자료가 될 것입니다. 이만 선고를 마치겠습니다.

수를 좀더 정밀하게 살펴볼까? ●

(칸트가 니체와 유클리드에게 다가온다.)
칸트 ┃ 수고했어.
니체 ┃ 판결이 좀 거시기한 거 아냐?
유클리드 ┃ 이제 어떡하란 말인가?
칸트 ┃ 다른 증인들과 함께 상의해서 잘 해봐.

(니체, 유클리드, 모모, 어린왕자, 투이아비, 갈릴레이, 에셔가 모인다.)
어린왕자 ┃ 에셔, 그럴 수 있어요? 처음에 잘 나가다가 나중에 그렇게 진술하면 어떡해요? 재판결과는 아저씨가 책임져야 해요. 아저씨가 알아서 보고서를 제출하세요. 그리고 아저씨는 왜 수를 인정한 상태에서 길을 찾아보셨어요? 수가 전혀 없는 세상에 대한 꿈을 버리지 않고 연구를 해갔더라면 뭔가 좋은 작품이 나왔을 텐데. 아쉬워요.

에셔 어린왕자야, 넌 아직까지 수가 없는 세상에 미련을 못 버렸구나. 그렇게 듣고도 모르겠냐? 너, 모모, 투이아비는 세계 어디서나 꾸준히 사랑받고 있다. 왜 그럴까? 물론 재미있고 감동을 주기 때문이겠지. 그런데 그럴 수 있는 것은 사람들이 이미 수에 익숙한 세상에 살고 있기 때문이야. 익숙하다는 것은 지루하잖아. 그래서 사람들은 뭔가 새로운 것을 찾아내려고 하지. 결국 너의 명성과 감동은 수에 빚지고 있단 말이다. 수가 없이는 아마 너도 없었을걸. 무슨 말인지 알겠냐?

모모 에셔 아저씨의 말이 맞는 것 같아.

에셔 뫼비우스의 띠를 생각해봐. 앞면과 뒷면의 구분이 없는 띠 말이다. 선과 악, 빛과 어둠, 장점과 단점, 우린 일반적으로 이런 것들이 명확히 구분된다고 생각해. 하지만 어둠 없이 빛이 있을 수 있을까? 반대도 마찬가지야. 수는 결코 제거의 대상도, 제거할 수 있는 대상도 아니라니까.

갈릴레이 그러나 저러나 앞으로 어떻게 하는 게 좋을까?

에셔 수에 대한 법정 공방은 무의미한 것이었어. 설령 공방을 하더라도 수에 대해 좀더 알고 난 후에 했어야 해. 수에 대해 뭘 알아야 수를 어떻게 다룰지에 대해서도 생각해볼 수 있지. 그래서 말인데 우리 수를 좀더 정밀하게 살펴볼까? 내가 안경을 끼고 판화를 꼼꼼히 살펴보듯이.

니체 우리 모두 함께?

유클리드 ┆ 함께 뭘 할 수 있을까? …… 막막한데.

에셔 ┆ 막막할 거야. 내가 이야기를 조금 더 할 테니 들어봐. 난 수를 인정한 이후 '수란 도대체 왜 생겼을까' 하는 의문을 품었었어. 그런데 판화 작업을 하다가 그 의문을 풀었지.

1. 수는 인간을 행복하게 하는가에 대한 '여러분의' 판결문을 작성해보세요.

2. '수는 왜 생겼을까?'에 대해 떠오르는 답들을 이야기해보세요.

09

수는
왜
생겼을까?

'수는 왜 생겼을까?' ●

난 수학에 문외한이어서 알기가 어렵더군. 그래도 그 물음을 간직한
채 열심히 생활을 했어. 나에게 생활이란…… 열심히 판화를 제작하는
거였지, 뭐.

그 당시 난 테셀레이션에 한창·열을 올리고 있었어. 다양한 모양으로
이것저것 시도해보고 있었지. 그러다 반대되는 속성들을 대비시키면
재미있겠다는 생각을 했지. 어떤 이미지를 사용할까? 그때 번뜩이며
천사와 악마의 이미지가 떠오르더군. 어떻게 할까 궁리를 했지. 사람
들은 전통적으로 천사는 흰색, 악마는 검은색이라는 관념을 갖고 있기

에 그걸 시각화해서 표현해보자고 마음먹었어. 난 상당히 만족스런 작품을 완성해냈어. 어떤 작품이 나왔는지 궁금하지? 바로 이 작품이야. 짜~ ~ 잔.

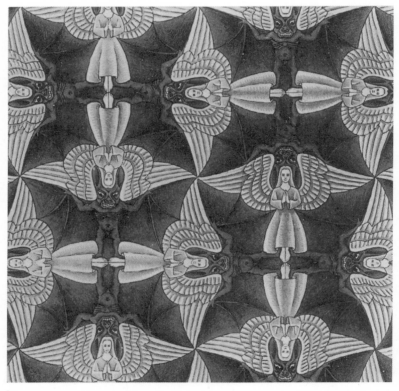

에셔, 〈대칭 45〉, 1941년

이 작품은 〈대칭 45〉인데 '천사와 악마'라고도 해. 재미있지? 흰 부분 위주로 보면 천사가 보이고, 검은 부분 위주로 보면 악마가 보여. 천사 같은 사람에겐 천사가 보이고, 악마 같은 사람에겐 악마가 보이게 돼. 어린왕자, 뭐가 보이냐? 넌 천사만 보이겠지?

어린왕자 처음엔 날개 달린 천사가 보였는데, 나중엔 악마도 보이는데요. 왜 둘 다 보이는 거죠?

이상할 거 없어. 당연한 거야. 사람들은 흔히 천사와 악마가 따로 존재한다고 생각해. 천사 같은 사람이 있는가 하면, 악마 같은 사람이 따로 있다고 생각하지. 그런데 사람이 항상 천사일 수 있을까? 만약 그렇다면 그건 사람이 아니라 천사겠지. 사람은 천사가 되기도 하고, 악마가 되기도 하지 않나? 사람의 성격이나 행동에는 다 빛과 어둠이 있게 마련이야. 그렇듯 천사의 여백이 악마이고, 악마의 여백이 천사라고할 수 있어. 천사와 악마는 따로 있다기보다 한 동전의 양면과도 같아. 그럴듯하지?

인간은 늘 대조를 추구합니다 ◉

난 이 작품을 무척 좋아해. 그리고 이런 효과를 낼 수 있는 판화도 참좋고. 판화가들이 추구하는 것은 바로 이 같은 색채의 대조야. 우리 판화가들은 색채에 몰두하지 않는 대신, 순백색에서 순흑색 사이에 있는무한히 많은 중간색들의 은총으로 작업하면서 살아가거든.

흑과 백의 대조를 통해서 판화의 모든 존재는 드러나게 돼. 어둠이 있을 때 빛은 더욱 환해지고, 빛이 있을 때 어둠은 더욱 짙어지는 법이지. 이런 생각을 하다가 번쩍하면서 어떤 생각이 들었어. 마치 온 우주가 내

속에 들어온 것 같았지. 그것은 '대조란 판화에서뿐만 아니라 인간의 생활에서도 중요하다' 는 거였어. 그래서 난 얼른 이렇게 정리를 했지.

"아무리 덜 숙달되었어도 계속해서 우리가 추구하는 것은, 바로 색채의 대조입니다. 인간은 늘 대조를 추구합니다. 또한 대조가 없다면 지구 위에서 삶을 영위하는 것은 불가능할 것입니다. 감각이 대조를 감지할 수 있을 때에만 삶은 가능해집니다. 단성 오르간 소리가 너무 오래 계속되면 우리의 귀가 참을 수 없어하듯, 단일한 색으로 칠해진 벽면이나 구름 한 점 없는 하늘을 오랫동안 쳐다보고 있으면 우리의 눈은 지루해집니다. 완전히 어떠한 대조도 결여된 그 '무(無)' 를 보는 일은 인간을 견딜 수 없게 하여 급기야 정신이상으로까지 몰고 갈 것입니다.
 어떠한 이미지도, 형태도, 심지어 명암이나 색채도 그 스스로는 존재할 수 없다는 깨달음은 참으로 흥미진진한 것입니다. 가시적으로 관찰할 수 있는 모든 것들 중에서 우리는 오직 '관계성' 과 '대조' 에만 의지할 수 있습니다. 스스로 '검은' 것은 없으며, 스스로 '흰' 것도 없습니다. 흑과 백은 함께 있음으로써만, 그리고 서로를 통해서만 그 자신으로서 현현할 수 있는 것입니다. 우리는 단지 그것들을 비교함으로써 각각에 색으로서의 가치를 부여할 뿐입니다."

모든 존재는 결국 대조와 관계를 통해서 드러나지. '나' 란 존재도 다른 사람과의 대조를 통해서 있게 된 것이고, '나무' 란 말도 다른 생물과의 관계 속에서 만들어진 것이야. 이것을 깨닫는 순간 수에 대해 품고 있던 질문이 떠올랐어.
 '수란 왜 만들어졌을까? 그래! 수도 결국 대조다! 관계다!' 라고 난 외쳤지. 하나의 양이 다른 양과 비교될 수 없다면, 양의 개념 자체도 존재할 수 없어. 즉 수란 양의 비교를 통해서 만들어진 거야.

어떻게 크기를 비교할 수 있을까? ●

우린 두 개의 양을 비교해야 하는 경우가 많아. 누구 키가 더 큰지, 누가 돈이 더 많은지, 누가 더 성적이 좋은지를 비교해야 하지. 이런 사정은 수를 만들기 시작하던 초기 인류에게도 마찬가지였을 것 같아. 예를 들어 A부족이 B라는 부족에게 소를 네 마리 빌렸다고 생각해봐. 나중에 돌려줄 때 문제가 되는 것은 처음 빌려온 만큼 돌려주는 거야. 처음 양과 나중 양을 비교해야만 하는 거지. 두 개의 크기를 비교해야 할 필요가 있었던 거야.

그렇다면 어떻게 양이나 크기를 비교할 수 있을까? 난 또 질문을 던졌어. 그리고 자료를 찾아봤지. 그런데 방법이 나와 있더라고. 세 가지 방법이 있었어.

① 대상들 간의 크기를 직접 비교한다.
② 제3의 물건을 가지고 대상들의 크기를 측정한다.
③ 특정 단위를 선택하여 그 단위로 대상들의 크기를 측정한다.

직접 비교는 두 사람이 서서 키를 재보는 것처럼 통째로 비교하는 방법이고, 제3의 물건을 이용한 방법은 손바닥이나 걸음과 같은 것으로 크기를 재는 방법이야. m, kg과 같은 정해진 단위를 이용하는 것이 특정 단위를 이용한 방법이고. 이 세 가지 방법은 역사적 과정의 발달순서와 거의 일치하는 거 같아.

그게 바로 '수' 야, 수! ●

그런데 직접비교와 나머지 방법 간에는 한 가지 차이점이 있어. 이 점이 수와 관련하여 매우 중요한 대목이야.

세 가지 모두 크기 비교의 방법이란 점에서는 같아. 하지만 직접비교에서는 대상들을 전체적으로 비교하여 어느 것이 크고 작은가 하는 결과만이 남아. 그러나 나머지 방법은 크기 비교의 결과뿐만 아니라 다른 또 하나가 남게 돼. 제3의 물건이나 특정 단위가 몇 개나 들어갔는가를 나타내주는 '뭔가' 가 남게 되지.

이렇듯 제3의 물건이나 특정 단위를 통한 비교의 방법에서는 대상들 각각의 양적 성질을 나타내주는 '뭔가' 가 부여된 후 크기가 비교되는 구조야. 이 '뭔가' 가 뭘까? 그게 바로 '수' 야, 수! 그렇다면 '세다' 와 '숫자' 의 뜻까지 확실해지지.

'세다' 의 사전적 의미는 '사물의 수효를 헤아리거나 꼽다' 야. 다른 말로 하면 '센다는 것' 은 대상 안에 특정 단위가 몇 개 들어갔는가를 파악하는 것이지.

숫자란 뭘까? 숫자는 '數字' 라고 쓰는데 字는 글자를 나타내. 따라서 숫자는 수의 글자란 뜻이지. 수를 기록한 문자인 셈이야. 수가 대상의 양을 나타내므로 숫자는 양을 나타내는 문자, 즉 표량문자(表量文字)인 셈이지.

수에서 가장 중요한 것은 단위 ●

유클리드 에서, 역시 대단하네. 예상대로 자넨 보통 사람이 아니야. 자네 작품을 보고 바로 알았지. 보통의 꼼꼼함과 인내력으로는 그렇게 세밀한 작품을 만들 수가 없어. 수에 대한 이야기 역시 대단하군. 집요하게 파고들었어. '자네 말이 맞다'는 증거를 하나 말해주겠네. 고대 그리스에서는 스타디온이라는 단위를 사용했는데, 이것은 경기장을 뜻하는 말이었어. 그런데 경기장마다 그 크기는 조금씩 다를 수밖에 없었어. 따라서 1스타디온의 길이도 지역마다 조금씩 달랐다네. 아티카의 1스타디온은 178m, 올림피아에선 192.27m 정도였지.

갈릴레이 크기 비교의 과정에서 수가 만들어졌다······. 그렇지! 딴데 볼 것 없어. 내가 하고 싶었던 일들이 그런 거였어. 우리들의 관심사는 움직이는 물건들이 얼마나 빠른지, 움직인 거리는 얼마나 길고 짧은지, 물체가 얼마나 차가운지를 정확히 알아내는 거였어. 그 결과 우리는 속도, 거리, 온도를 측정하기 위한 단위를 고안해내기 시작했지. 그러면서 비교가 아주 쉬워지더군. 방금 말한 그대로야.

니체 크기 비교를 위해 수가 만들어졌다······. 별 것 아닌 것 같아도 대단한 이야기인걸! 그런데 왜 그런 생각을 안 해봤을까? 수를 사용하면서 크기 비교는 숨어버렸기 때문인 거 같은데. 자동적으로 크기 비교가 되니까. 문제는 수로 표현할 수 있느냐 없느냐로 바뀌어버렸어. 선생님들은 내 수학 실력을 가늠해본다는 취지로 시험을 봐서 성적을 매겼지. 하지만 숫자화된 성적은 자동적으로 다른 학생들과의 비교를 가능하게 했어. 선생님들이 비교를 위해서 의도적으로 성적을 매겼던 것 아냐?

모모 수에 의도가 숨어 있을 수 있다는 데 동의해요. 시간은행의 회

흥겨운 음악이 흘러 퍼지는 듯한 느낌이다. 장난감처럼 귀여운 기차가 역으로 들어오고 있다. 기차 역의 이름은 112! 마을이나 지역의 이름이 아닌 112! 거리 역시 14km라고 명시되어 있다. 서구사회 는 갈수록 숫자화된 사회가 되었다. 시간, 공간, 재산, 따뜻함, 위치와 같이 모호했던 것들도 숫자를 통해 측정되고 표시되었다. 이런 추세는 더욱 가속화되었으며, 숫자는 일상의 많은 것들을 대신해 주는 기호가 되었다.

색 일당은 사람들에게 아무런 의도도 없다는 듯 시간을 숫자로 환산해서 보여줬어요. 하지만 생각해보니 의도가 있었던 것 같아요. 그들은 사람들이 써버린 시간과 남은 시간을 비교하게 만들어서 시간을 아끼게 했던 거예요.

투이아비 난 이해 못 하겠다. 왜 크기를 비교해? 도움을 주고받으며 살아가면 그만이다. 꼭 그렇게 따지고 비교할 필요 없다.

유클리드 투이아비 자넨 이해 못 할 거야. 천사 같은 사람이니까. 에셔의 이야기를 들으면서 수에 대해 정리한 것이 있다네. 수에서 가장 중요한 것은 단위라는 것일세. 어떤 단위를 쓰느냐에 따라서 수는 달라지게 되네. 수가 다르다는 것은 단위가 다르다는 것을 뜻하지. 수를 보면 단위가 무엇인가를 먼저 확인해야만 하네.

니체 난 수를 공부하면서 웬 수들이 그렇게 많으냐며 원망했었어. 자연수는 그런 대로 봐줄 만해. 그런데 분수, 소수, 음수, 허수 이런 수들은 뭐냐며 짜증을 냈었지. 쓸데없는 이론일 뿐이라고 생각했었어. 하지만 조금 다르게 생각해야 할 것 같아.

크기 비교를 위해선 대상의 크기인 수를 정확히 알아내야만 해. 아마 여러 가지 수들이 존재하는 이유는 크기를 정확하게 파악하기 위해서였을 거 같아. 한 가지의 수만으로는 크기를 정확하게 파악할 수 없었던 거지. 그래서 단위가 다른 수들이 만들어진 게 아닐까? 확인해보고 싶어지는데.

에셔 그래? 진짜 그럴까? 하지만 내가 수에 대해서 알아낸 것은 아까 이야기한 것이 전부야. 그 이상을 알기 위해서는 공부를 좀 해야 했는데 혼자서는 엄두가 안 나더군. 작품 때문에 바쁘기도 하고, 혼자서는 재미도 없고.

음. 좋은 생각이 떠올랐다. 어차피 우리는 활동보고서를 작성해서 제출해야 해. 수에 대해 더 알아보는 활동을 하면 어떨까? 지금껏 이야기하면서 알고 싶은 것들도 꽤 생겼잖아. 수에 대해 끝까지 알아보면서 결론을 내보는 거야. 우리 모두 함께!

어린왕자 끝까지 달려보는 건가요? 좋아요. 그런데 어떻게 공부해야 하죠? 어디 좋은 데 추천할 분 안 계세요?

유클리드 내가 좋은 곳을 알고 있네. 아테네 학당은 어떤가?

니체 그곳은 너무 철학적이야. 게다가 그 철학이란 게 좀⋯⋯. 아마 그곳에 간다면 난 싸움꾼으로 변하고 말 거야. 그 꼴을 보고 싶어? 여기에 모인 우리 모두가 편하게 활동할 수 있는 곳이어야 해. 투이아비도 함께 갈 수 있는 그런 곳!

에셔 내가 좋은 곳을 알고 있어. 옛날에 알아만 두고 가보지는 못했지. 거기엔 도움 줄 만한 친구도 있어. 아마 자네들 모두 만족할걸. 궁금하지? 자, 날 따라와.

1. 크기 비교를 위해 수가 만들어졌다는 것에 동의하나요? 혹 동의하지 않는다면 어떤 과정에서 만들어졌다고 생각하나요?

2. 신체의 일부를 이용한 고대의 단위들을 찾아보세요.

3. 키가 다른 열 사람이 있습니다. 두 명씩 직접비교를 해가면서 키가 큰 순으로 세우고자 합니다. 최소 몇 번의 비교를 해야 할까요?

2

학당

10

난
부르바키
장군이다

(에셔가 모두를 조용한 시골의, 아담한 언덕으로 데려간다.)

어린왕자 와우, 좋은데요. 어디예요?

투이아비 나 이곳 무척 맘에 든다.

모모 저도요. 한바탕 진하게 놀아볼까요!

유클리드 그런데 여기서 무얼 하자는 건가? 숨바꼭질하며 수라도 찾
자는 거야?

에셔 이곳은 매우 유서 깊고 의미 있는 곳이야. 곧 알게 돼. 그럼 주
인장을 만나볼까.

(장군 제복을 입고 멋진 콧수염을 기른
한 남자가 수많은 훈장을 달고 나타난다.)

반갑다. 제군들. 난 부르바키 장군이
다. 1870년에 있었던 프랑스-프로이센
전쟁에서 뛰어난 장군으로 활약했었다.
알겠나?

에셔가 내게 도움을 청해서 이곳에
왔다. 무슨 일 생긴 건가? 전쟁이라도
났나? 난 전쟁에서 많은 공적을 세웠
다. 옷에 달린 훈장들을 보면 알 수 있을 것이다. 그러니 내 말 잘 듣고
따라와라, 알겠나?

자, 모두 차렷!

열주~ ~ ~ 웅 쉬엇!

(모두 멍한 표정으로 서 있다.)

하하하. 다들 놀랐나? 장난은 그만 하고 나를 정식으로 소개하겠다.

수학자들의 비밀집단 부르바키 인사드리오 ●

안녕, 내 이름은 니콜라 부르바키야. 사실 난 장군이 아니라 수학자
지. 정확히 말하면 프랑스 수학자들로 구성된 집단이야. 우리 모임은
1934년 12월 10일 공식적으로 시작되었어. 그 후 20세기 수학계를 주
름잡으며 영향을 미쳤지. 영향력 말고도 재미난 구석이 무척 많았어.

아마 그런 점 때문에 에셔가 도움을 청했을 거야.

1934년 파리의 어느 카페에서 젊은 수학자 몇 명이 모였어. 우리들 대부분은 여러 주립대학에서 강의를 하고 있었어. 그날 파리에 모인 이유는 앙리 푸앵카레 연구소에서 열리는 '줄리아 강연회' 때문이었어. 이야기를 나누다가 대중적인 해석학 교재를 새로 만들어보자는 합의를 하게 되었지. 그 이전의 교재는 너무 진부했거든. 현대적이고 참신한 해석학 교재가 필요하다고 공감했어. 그때부터 다음 해 5월 사이에 격주로 월요일마다 모이게 되었어.

교재를 만드는 작업은 생각보다 훨씬 어려웠어. 우린 몇 년에 걸쳐 굉장히 치밀하고 체계적으로 작업을 진행했지. 그런데 생각보다 길어지더군. 교재에 대한 세밀한 청사진을 가지고 시작했음에도 보완할 부분이 계속 생겨났지. 수정과 토론은 끊임없이 반복되었고, 내용은 자꾸 추가되고, 출판은 조금씩 미뤄지고. 하지만 그 사이 우리의 계획은 사라진 게 아니라 점점 크고 야심 차게 바뀌었지.

우리의 야망이 어떤 것이었냐고? 우리는 수많은 수학의 분야들을 '하나'로 통합하고 싶었어. 그땐 수학에 분야가 워낙 많았고, 다르게 구분되어 있었어. 하지만 우린 하나의 출발점에서 전체 수학세계를 도출함으로써 수학을 보편화시키려고 했던 거야. 이는 마치 2000여 년 전 유클리드가 점, 선, 면에 대한 정의로 시작하여 전체 수학 체계를 세웠던 것과 같은 작업이었지. 우리의 목표는 다음 2000년 동안 지속될 새로운 유클리드의 기본원리를 만들어내는 것이었어. 어때 굉장한 꿈이지?

우리가 잡은 출발점은 바로 집합론이었어. 그러한 맥락에서 우리는 우리의 책에 '수학 원론'이라는 이름을 붙였지. 영어에서 수학은 보통

복수형, mathematics으로 쓰지만 우리는 일부러 단수형, mathematic
을 사용했어. 하나의 수학이란 의미지.

우리는 목표를 이루기 위해 크게 두 가지 수단을 택했어. 하나는 유
클리드의 방법인 '공리화'라는 개념이고, 다른 하나는 '구조'라는 일
반적 개념이었어. 구조라는 개념은 원래 언어학에서 유래했어. 그러나
우리는 구조라는 개념을 수학에 도입했지. 수학도 하나의 체계이기에
그 체계를 받들고 있는 구조가 존재해. 우린 수학을 구조의 개념으로
보면서 여러 수학의 분야를 통합해가려 했던 거야. 모습은 달라도 구조
는 같거나 유사할 수 있거든.

이후 구조 개념은 인류학, 심리학을 거쳐 문학으로까지 옮겨가더군.
우리의 연구 덕분에 그런 변화가 가능했지. 레비-스트로스가 친족관계
에 대한 연구를 하던 중 부르바키 회원인 앙드레 베유의 도움을 받아
문제를 해결했다는 것이 대표적인 사례야. 레비-스트로스가 조사한 자
료를 보고 어떤 구조가 있는가를 알아내준 게지.

새로운 운영 방식으로 전 세계에 영향을 줬어 ●

새 포도주는 새 가죽부대에 담듯이 우리는 운영 방식 또한 새롭게 했
지. 우리는 늘 소수의 뛰어난 수학자로만 유지되었지. 아무나 들어올
수 없었어. 열두 명 정도가 정원이었어. 많지 않았기 때문에 활발한 토
론과 연구가 가능했어. 우리의 토론은 활발하다 못해 혼란스러울 때가
많았어. 고함을 질러대고 싸우는 통에 마치 미치광이의 모임 같았어.
그러면서도 유머와 익살을 잃지 않았지. 재미있었어. 부르바키라는 우

리의 명칭을 보라고. 수학자 집단이 장군의 이름을 명칭으로 내걸다니 웃기는 일이 잖아.

이따금 회의는 딱딱한 강의실을 벗어나 한적한 시골에서 했어. 지금 우리가 있는 이곳이 바로 그런 곳이었지. 여기는 부르바키의 첫

부르바키 회원들

회의가 열렸던 베스 앙 샹데스의 오베르뉴라는 작은 마을이야.

토론에는 의장이 따로 없었지. 아무나 하고 싶은 말을 마음대로 할 수 있고 누구라도 간섭할 권리가 있었지. 우리에겐 위계질서도 없었고, 모든 결정은 만장일치제를 따랐어. 누구든 반대할 수 있었지.

책을 펴낼 때에도 모든 사람의 동의를 얻어야 했어. 우리는 한 사람이 쓴 것을 공개토론을 통해 엄격하게 비판한 다음 다른 사람이 다시 썼어. 그러고는 다시 비판하고, 모든 이의 동의를 거쳐야만 했어. 그렇기 때문에 우리는 항상 개인의 이름이 아닌 부르바키라는 이름으로 출판을 했지.

모임은 시끄러웠어. 하지만 우린 대외적으로 철저히 비밀집단이었어. 회원이 아닌 그 누구도 모임의 구성이나 활동에 대해 알지 못했지. 우리는 신문에 기고도 하지 않았고, 인터뷰도 하지 않았어. 우리에 대한 정보는 은퇴한 회원의 입을 통해서만 겨우 얻을 수 있었지.

은퇴 이야기를 해볼까? 우리는 항상 젊음을 유지하기 위해 회원들이 쉰 살이 넘지 않도록 했어. 때론 수학 능력을 테스트해보기도 했고. 문

제를 주면서 어떤 반응을 보이는지 살펴보는 거야. 신입회원을 받기 위해서도 우리는 일정한 테스트를 했어. 젊고 유망한 수학자가 눈에 보인다 싶으면 우리는 회의가 있을 때 초청했지. 이들은 '실험용 쥐'였던 셈이야. 이들은 우리의 토론을 이해해야 할 뿐만 아니라 참여도 해야 했어. 만약 조용히 있는다면 그는 다시 초청받지 못하게 되지.

우린 프랑스뿐만 아니라 전 세계에 굉장한 영향을 줬어. 1950년대부터 70년대까지는 전성기였지. 1950년대에 우리는 해마다 한두 권의 책을 출판했는데 수학과 학생들이 책을 사려고 서점으로 몰려들었지. 우리의 활동으로 수학의 형식과 내용, 교육은 그 이전과는 아주 다르게 변했어.

우린 인생의 쓴맛, 단맛을 다 봤어 ●

자네들, 수에 대한 공부를 하려 한다면서? 보아하니 매우 다양한 사람들이 모여 있군. 다양성은 큰 힘이 될 수도 있어. 다양함을 잘 조율할 수 있는 섬세함이 있다면 말이야. 이 점에서도 우린 큰 도움을 줄 수 있을 거야. 왜냐고? 우린 공동의 연구를 통해 수학계의 판도를 바꾸기도 했지만 우리 안에 갇혀서 쇠퇴의 길을 걷기도 했어. 이런 양단의 경험을 갖고 있기 때문이지.

부르바키에도 참 다양한 사람들이 있었어. 우리 회원들 역시 성격이나 주제, 관심 부문이 아주 다양했지. 혹시 알렉산드로스 그로텐디크란 친구에 대해서 들어봤나? 못 들어본 모양이군. 그 친구 이야기를 해줄게.

그 친구는 20세기 위대한 수학자 중 한 사람이었어. 수학의 노벨상이라는 필즈상을 받기도 했는데, 사실 이 친구의 역량은 부르바키를 넘어설 정도였지. 처음엔 함께 활동했는데 나중엔 좀 삐걱대기 시작했어. 사실 그의 수학 분야를 우리가 받아들였어야 했는데 우리는 이전의 것들만을 고집했지. 결국 그로텐디크는 부르바키와 결별할 수밖에 없었어. 그런데 이 친구 나중에는 수학은 제쳐두고 반전이나 환경 같은 정치적인 활동에 전념하더군. 그러나 성공적이지는 못했어. 그러다 그는 세상을 등지고 피레네 산맥으로 사라져버렸어. 세상과 수학을 철저히 등지고 돌아선 게야.

우리가 그로텐디크와 잘 어울렸다면 어땠을까 하는 쓸데없는 상상을 가끔 해봐. 그랬다면 그에게 그런 일이 일어나지 않았을지도 몰라. 이 사건은 부르바키의 운명을 상징적으로 보여주었지. 우리의 활동은 1980년대 이후 많이 약해졌어. 우리 안에 갇혀버린 셈이지. 여러분은 그런 일이 없기를! 이렇게 우린 인생의 쓴맛, 단맛을 다 봤어.

'실험용 쥐'를 만나러 갈까? ◉

유클리드 | 하나의 수학을 만들어보겠다! 그 포부가 아주 맘에 드네. 원래 진리란 하나인 법일세. 공리적인 방식의 가치를 알아본 것도 대단하군.

니체 | 유클리드 자네를 알아봐주니 좋아 죽는구나. 하지만 나 역시 맘에 들어. 다양성에 대한 경험이 있다는 것도 좋고, 인생의 쓴맛을 봤다는 것도 좋아. 한계라는 것을 충분히 알 것 같아.

모모 : 방식도 맘에 들어요. 대표도 없고, 누구나 반대할 수 있으며, 모든 이의 동의를 얻어야 하잖아요. 소외된 사람이 있을 수 없겠죠.

에셔 : 다들 좋아하네. 내 그럴 줄 알았지. 부르바키, 자네 합격이야. 잘 해보자고.

부르바키 : 먼저 구체적인 목표와 내용, 방식을 결정해야 해. 그래야 모임이 지속성 있게 잘 돌아갈 수 있거든. 우리의 경우는 책을 만든다는 것이 구체적인 목표였는데, 자네들의 경우는 어때?

갈릴레이 : 우리 목표도 같아. 우리 이야기 자체가 지금 책으로 만들어지고 있거든!!

부르바키 : 그럼 무엇부터 공부하면 좋을까? 좋은 아이디어 있어?

니체 : 우린 수에 대한 단순한 지식을 원하지 않아. 수를 길들이기 위해 수에 대해 알려는 거야. 그러려면 수의 다양한 맛과 면모를 살펴보는 게 필수적이야. 결국 우린 수를 해석해낼 수 있어야 해. 난 수의 역사를 공부하는 게 안성맞춤인 것 같아. 역사를 알면 수를 잘 이해할 수 있지 않을까?

어린왕자 : 괜찮은데요. 구성원이 다양해서 역사 공부가 수월하면서도 재미있을 것 같아요.

부르바키 : 역사라! 좋지. 이건 어떨까, 아까 '실험용 쥐' 기억나지? 이와 비슷하게 우리 모임에 한 사람씩 초청을 하는 거야. 우리에게 수의 역사에 대한 이야기를 들려줄 만한 사람을 강사로 초청하는 거지. 그러면 생동감 있게 공부할 수 있을 거야.

유클리드 : 아예 우리가 강의를 해줄 사람이 있는 곳으로 직접 가는 건 어떤가? 수의 유적지 여행도 하고, 강의도 듣고 일석이조 아닌가?

투이아비 : 나 여행 좋다. 빠빠라기를 더 잘 이해할 수 있다. 난 수학

은 모른다. 그래서 자네들이 공부하는 동안 난 유적지 여행 즐기겠다.

모모 : 투이아비도 참여할 방법이 있을 거예요. 이건 어때요? 수가 언제 어떻게 만들어졌는가를 먼저 공부하는 거예요. 그럼 모든 사람이 함께 공부할 수 있잖아요.

부르바키 : 좋아. 내가 그에 관한 이야기를 들려줄 사람을 알고 있어. 첫 번째 '실험용 쥐'를 만나러 갈까?

1. 수학을 왜 복수형인 mathematics라고 할까요?

2. 앙리 푸앵카레란 사람은 무엇으로 유명한 사람인지 찾아보세요.

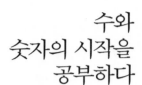

11

수와
숫자의 시작을
공부하다

(쏟아질 듯한 별들이 내다보이는 천문대의 밤이다.)

"친구들! 조용히 들어오시게. 쉬~~~잇.

5, 4, 3, 2, 1, zero

……

제기랄, 아무 일도 일어나지 않는군. 뭘 잘못 계산한 걸까?

다시 계산해야겠네."

여기는 신비의 나라 인도의 우자인이란 곳이오. 이곳은 천문대, 그리고 난 브라마굽타(598~665?)라고 하지요. 7세기경에 활약한 천문학자이자 수학자라오. 이 천문대에서 별을 관측하고 예측하며, 점을 치기도 했지요. 네 권의 책을 저술했는데, 그 가운데 628년에 쓴 『브라마-스푸타-싯단타(Brahma-sphuta-siddhanta)』가 특히 유명하다오. 총 21장으로 구성되었는데 12장과 18장이 수학에 관한 것이었지요. 후대 인들은 내 이름을 따서 '브라마굽타의 정리'나 '브라마굽타의 공식'으로 내 발견을 기억하더군요. 이것들은 모두 원에 내접하는 사각형에 관한 것들이라오. 2차방정식의 풀이법과 관련해서도 난 유명한데, 근의 공식으로 알려진 풀이법과 거의 동일한 것이었지요.

난 조금 전 꼬리가 긴 별의 출현을 기다리고 있었다오. 우리의 조상들은 그 별의 출현에 대한 기록과 예언을 남겨두었었지요. 그래서 난 그 별의 출현 주기를 계산했었지요.

$$[360+112\times\{300+2(193-23+111)\}-222\cdots]$$

이 계산이 복잡해 보이오? 천문대에서 일하려면 이 정도 계산은 가볍게 할 수 있어야 하오. 인도엔 계산의 달인들이 많다오. 뛰어난 숫자가 있었기 때문이지요.

수의 시작을 알고 싶다고 했지요? 수의 시작은 문자로 기록되기 이전으로 거슬러 올라간다오. 상상력을 발휘해가며 수의 시작으로부터 인도인의 숫자에 이르기까지 이야기를 해보지요.

구석기인들의 수, 선과 점 ●

수는 구석기인들부터 사용한 것으로 인정받고 있다오. 채집과 수렵을 위해 이동해야 했던 그들의 생활에서도 수 사용의 흔적을 찾을 수가 있지요. 한번 볼까요?

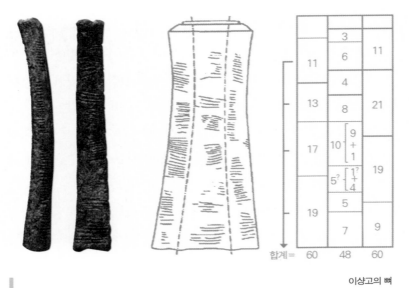

	3	11
11	6	
	4	21
13	8	
17	$10\begin{bmatrix}9\\+\\1\end{bmatrix}$	19
	$5^?\begin{bmatrix}1^?\\+\\4\end{bmatrix}$	
19	5	9
	7	
합계=	60	48	60

이샹고의 뼈

　왼쪽 사진은 콩고 공화국의 호숫가에서 발견된 '이샹고의 뼈(Ishango bone)'이오. 기원전 2만 년까지 거슬러 올라가는 이 뼈에는 선이 그어져 있지요. 오른쪽 그림은 그 선의 개수를 열에 따라 표시하고, 지금의 수로 바꿔본 것이오.

　유명한 라스코 동굴벽화의 한 장면이오. 이 벽화는 기원전 1만 7000년경까지 거슬러 올라간다는군요. 동물이 그려져 있고 그 아래에 점이

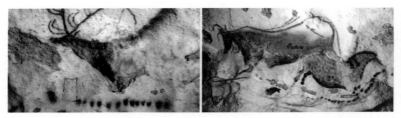

라스코 동굴벽화의 일부

찍혀 있지요. 어디에도 지금의 수는 보이지 않지요? 다만 선과 점만을 찾아볼 수 있지요. 바로 이 선과 점이 구석기인들이 사용했던 수라오. 이것이 수가 아니라 장난 삼아 남긴 흔적이 아니냐고 물어볼 수도 있을 거요. 하지만 이 선과 점에는 뭔가 특별한 게 있지요.

동굴벽화에 점이 몇 개나 찍혀 있나 볼까요? 왼쪽 벽화에는 네모와 13개의 점이 있고, 오른쪽 벽화에는 29개의 점이 찍혀 있지요. 뭔가 의미가 있다고 생각하지 않나요?

투이아비 그건 내가 잘 안다. 그건 달의 주기다. 우리도 사용했었다.

맞았소. 저 점은 달의 모양이 변화하는 것을 보면서 찍어놓은 것이지요. 지금으로 치면 달력이지요. 이상고의 뼈에는 더 신기한 게 있다오. 세 열의 합은 각각 60, 48, 60으로 12의 배수가 되오. 가운데 열에는 3과 6, 4와 8, 10과 5가 있는데 모두 배수관계에 있지요. 게다가 양쪽 열에는 모두 홀수 개의 선이 표시되어 있고요. 우연이라고 보기에는 너무 신기하지 않소? 우연이 아니라고 보기에는 발견 시기가 너무 이르고.

구석기인들은 대상을 점이나 선, 돌멩이 같은 간단한 것으로 일대일 대응시켜가며 수를 세는 방법을 사용하기 시작했지요. 아마 손가락도 매우 유용한 도구였을 거요. 손가락은 아직도 사용되고 있잖소? 하지만 손가락이나 돌멩이는 보존과 보관이 어려웠을 거요. 어딘가에 선을 그어두는 것이 보다 확실한 방법이었겠지요.

하지만 그들이 처음부터 점이나 선이 모두 몇 개인가를 파악하지는 못했을 것이오. 그냥 쌓여 있는 점이나 선 자체를 '수'로 사용했겠지요. 이렇듯 처음의 수는 구체적이고 실체적이었다오. 기호가 아니었지. 무수히 많은 수들이 여기저기에서 독립적으로 존재했을 거요. 숱하게 사용을 한 후에 어느 게 더 많고 작은가의 비교도 조금씩 하게 되었겠지요.

보다 큰 수를 세다 ●

신석기시대! 농경이 시작되면서 사회엔 중요한 변화가 나타났다오. 이제 사람들은 농경에 적합한 곳으로 이동·정착하고, 농사 도구를 정교하게 제작하게 되고, 수확물의 보관을 위한 토기도 제작하는 등 많은 변화가 일어났지요. 사회의 규모가 커지면서 분화되기 시작했지요. 이렇게 변했다면, 수 세는 방법도 변하지 않았겠소?

아무래도 사람들은 양에 대해서 보다 민감해졌을 거요. 사람들은 이제 수를 보다 자주 셌을 것이며, 보다 큰 수를 셌을 것이오. 커진 조직을 잘 유지하려면 조직의 규모나 여건, 상황을 잘 파악해야 했을 거요. 인구가 얼마나 되는지, 수확량이 얼마나 되는지, 얼마를 주고 받았는지를 꼼꼼하게 파악했겠지요. 농사를 짓기 위해서도 자연의 변화를 살펴야 했고. 언제 씨를 뿌리고 거둬야 하는지 알아야 했겠지요.

그런데 기존의 방법으로 보다 큰 수를 센다고 생각해보시오. 수십 수백 개의 선을 긋거나 돌멩이를 모아가며 수를 세는 거지요. 그 경우 수 세는 행위 자체도 불편하지만, 양이 얼마나 되는지도 한눈에 알아보기 어려웠을 거요. 뭔가 새로운 방법이 출현해야만 했겠지요. 어떻게?

묶어서 세다

새로운 방법은 어찌 보면 자연스러운 것이오. 그것은 바로 여러 개를 묶어서 그것을 다른 하나의 단위로 나타내는 것이지요. 돌멩이로 예를 든다면, 하나를 나타내는 돌멩이가 10개가 되면, 모양이나 색깔이 다른 돌멩이 하나로 10개를 나타내는 것이라오.

고대 메소포타미아에서 초기에 사용했던 방법을 살펴볼까요? 그곳에서는 진흙을 직접 구워 특정한 수의 크기를 나타내는 일정한 모양을 만들어서 사용했다고 하오. 이것을 칼쿨리라고 했다는군요.

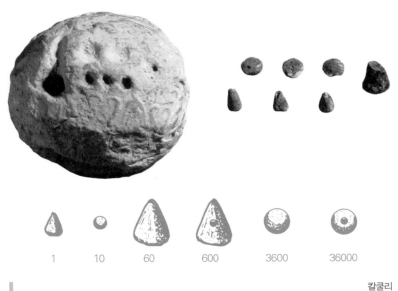

| 1 | 10 | 60 | 600 | 3600 | 36000 |

칼쿨리

기원전 3300년경 고대 메소포타미아에서 사용된 칼쿨리. 진흙으로 여러 가지 모양을 빚은 것으로, 모양에 따라 나타내는 크기가 달랐다. 칼쿨리는 일정한 양의 보존을 위해서도 사용되었다. 특정 수를 보존해야 할 경우에는 그만큼의 칼쿨리를 모아서 공 모양의 포대에 밀봉해두었다(위 왼쪽). 포대 바깥에는 안의 내용물을 알려주는 흠을 새겨놓았다.

그림을 보면 각 단위마다 모양이 다르지요. 몇 개씩 묶어서 새로운 단위를 만들었는지 알 수 있겠지요? 1 다음 단위가 10이고, 10 다음 단위가 60이오. 그들은 6개씩 또는 10개씩 묶었다오. 이렇게 하면 큰 수를 보다 효과적으로 셀 수 있지요.

잉카인들은 끈의 매듭을 숫자로 사용했는데, 이를 키푸(khipu)라고 했지요. 그들은 매듭의 위치에 따라 수의 크기를 달리 했지요. 끈의 맨 아래 매듭부터 1, 10, 100, 1000단위를 나타냈다오. 10단위의 위치에 매듭이 3개 묶여 있으면 30을 나타냈지요. 그들은 10개씩 묶어서 새로운 단위를 만들어낸 것이지요.

이런 묶음의 방법은 후대까지도 사용되고 있다오. 선거 후 개표할 때 5개씩 묶어서 正으로 나타내는 방법이 대표적이지요. 또 로빈슨 크루소가 무인도에서 날짜를 파악하기 위해서 사용한 방법을 떠올려보시

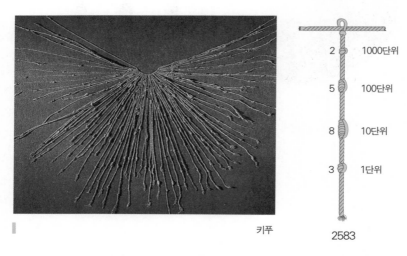

키푸   2583

페루의 매듭 문자 키푸. 끈의 매듭으로 인구 조사와 납세 등의 수량 표기를 했다. 오른쪽은 2583을 하나의 끈으로 나타낸 모습.

오. 그는 하루하루가 지날 때마다 나무에 선을 그었는데 7개씩 묶어서 표시를 했다오.

이와 같이 몇 개를 묶어서 새로운 단위를 만들어내는 방법을 진법(進法)이라고 하오. 진법이란 큰 수를 보다 잘 세기 위해 등장한 단위 묶음의 방법이오. 몇 개씩 묶느냐에 따라 진법은 달라지지요. 메소포타미아인은 6진법과 10진법을, 잉카인들은 10진법을 사용한 것이오. 그 외에도 사용된 진법들은 다양하다오. 지역과 시대에 따라 달리 사용되었지요.

정보를 보관하고 교류하려면? ●

청동기시대가 개막되면서 사회조직은 더욱 확대되었다오. 그러면서 사회조직 간 통합 또한 지속적으로 확대되어 국가가 형성되었지요. 그 결과 4대 문명이 형성되었다오.

이집트 문명 하면 뭐가 떠오르오? 피라미드, 스핑크스, 투탕카멘, 나일 강, 미라…… 고대 이집트인들은 기원전 3000년경에 독특하면서도 수준 높은 문명을 나일 강 유역에 건설했지요. 나일 강의 선물이었지요. 수 역시 더욱 수준 높게 사용되었다오.

헤로도토스의 『역사』라는 책에서는 이집트의 국민들에게 똑같은 크기의 사각형 땅을 나눠주어 세금을 거두었다는 기록이 있다오. 세금 징수를 위해 각 개인이 소유하고 있는 토지나 가축은 정확하게 파악되어야 했지요. 그리고 전국으로부터 거둬들인 세금은 왕국에 의해 그 양이 얼마나 되는지 계산되고 보존되어야만 했다오. 전국적이었으니 그 양이 상당히 많았겠지요?

이러한 상황에서 돌멩이나 선을 이용해 수를 세는 방법은 아주 불편했을 거요. 양도 많았을 뿐만 아니라 정보를 보관하고 교류해야 했기 때문이지요. 이러한 문제점을 이집트인들은 어떻게 극복했을까요?

사물의 모양을 본뜬 상형숫자(象形數字)

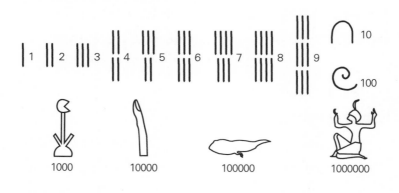

사물의 모양을 본떠서 만든 고대 이집트인들의 상형숫자

고대 이집트인들이 사용한 기호라오. 아래는 이것을 이용하여 3456과 42708을 나타내본 것이오. 기호에는 수직막대기에서 시작하여 여러 모양의 단위들이 있지요. 10진법을 사용했군요.

42708을 보시오. 10000을 나타내는 단위 4개, 1000을 나타내는 단위 2개, 100을 나타내는 단위 7개, 1을 나타내는 단위 8개가 왼쪽에서 오른쪽으로 나열되어 있소. 일정한 크기를 나타내는 단위를 필요한 만큼 모아서 전체 크기를 나타내고 있지요.

이 방식을 신석기시대 방식과 비교해볼까요? 진법을 사용하며, 전체의 크기를 각각의 단위의 합으로 나타내는 점이 똑같지요. 그럼 차이는 뭘까요? 모양이 훨씬 복잡해지지 않았소? 이전에는 수들이 직선이나 동그라미와 같이 기하학적이었소. 도구로 선을 긋거나 만들어야 했으니까. 하지만 이집트 수들은 복잡할 뿐만 아니라 곡선도 포함되어 있소.

어떤 변화가 있었는지 알겠소? 그건 바로 문자가 등장했다는 것이오. 그래서 수도 문자로 기록되었지요. 위의 이집트 수들은 수의 문자, 숫자라오. 그래서 수들이 저렇게 자유로워진 것이라오. 숫자가 존재한다는 것은 문자가 이미 사용되고 있었다는 뜻이지요. 이제 수라는 정보는 숫자를 통해 저장되고, 보관되며, 전달되기 시작했다오.

숫자의 장점 중 하나는 모양을 자유자재로 할 수 있다는 것이오. 원하는 대로 모양을 선택할 수 있지요. 이집트인들은 1을 막대기 모양으로, 10을 말굽형 멍에 또는 바구니의 손잡이로, 100을 나선 모양으로 감긴 줄로, 1000을 연꽃으로, 10000을 마지막 관절을 구부린 손가락으로, 10만을 올챙이로, 100만을 놀란 사람 또는 팔을 올리고 있는 신으로 표현했다오.

숫자는 임의로 선택된 게 아니라 의도적으로 선택된 것이오. 100만을 뜻하는 숫자는 놀란 사람. 왜 놀랐겠소? 100만이란 수가 너무 크기 때문이었겠지요. 10만을 뜻하는 올챙이도 마찬가지이지요. 올챙이는 셀 수 없이 많은 수가 떼로 다니지 않소? 이처럼 이집트 숫자는 그 숫자가 나타내는 크기를 연상할 수 있는 어떤 사물의 모양을 본뜬, 상형 숫자라오. 첫 문자들이 상형문자였다는 점과 일맥상통하지요.

상형숫자는 그 사회에 대한 약간의 힌트를 준다오. 숫자로 사용될 대상들은 사람들에게 익숙하면서도 공통된 이미지를 가진 것들이었겠지요. 따라서 막대기, 줄, 바구니, 연꽃, 올챙이 등이 이집트 사회에서는 흔했다는 것을 짐작할 수 있다오. 100만이란 수가 놀란 사람으로 표현되었다는 것은 이집트 사회에서 100만이란 수가 그만큼 큰 수였다는 이야기겠지요. 상형숫자를 제대로 이해하기 위해서는 그 사회를 충분히 알아야 한다오.

상형숫자는 여러 문명에서 찾아볼 수 있지요. 아즈텍 문명의 숫자도 그 예이지요.

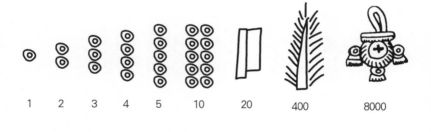

1	2	3	4	5	10	20	400	8000

400+20×3+3=463

8000+400×3+1×6=9206

아즈텍 상형숫자

상형숫자를 배웠으니 실제 사용을 해보시겠소? 23406을 고대 이집트와 아즈텍 숫자로 나타내보시지요. 표기라고 생각하지 말고 그린다고 생각하고 쉬엄쉬엄 해본다면 나름 재미있다오.

위치에 따라 수의 크기를 다르게 ●

처음으로 문자를 사용한 곳은 사실 이집트 문명이 아니라 메소포타미아 문명이라오. 메소포타미아는 '두 강 사이', 즉 티그리스 강과 유프라테스 강 사이의 비옥한 지역을 뜻하지요.

이 문명의 최초의 건설자들은 수메르인들이었소. 그들은 최초로 문자를 사용하였는데, 처음에는 이들도 상형문자였지요. 그러나 후기로 가면서 쐐기문자(설형문자)로 변하게 되었다오. 자연적 환경 때문에 점토판에 모양을 새겨 기록한 후 구워서 보관을 해야 했기 때문이지요.

그들은 쐐기를 눌러 찍어서 문자를 표기했다오. 그러다 보니 몇 개의 한정된 쐐기모양을 가지고 많은 단어를 표현해야 했지요. 그래서 몇 개의 쐐기모양을 여러 가지 방식으로 조합하여 단어를 표현해야 했소. 수도 동일한 방식으로 기록되었지요.

토지 소유와 관련 있는 점토판으로 쐐기문자로 기록되었다(기원전 2600년경).

'𒁹'와 '𒌋'의 새로운 조합을 사용하다

기원전 3300년에 수메르와 엘람에서 최초의 문자가 사용되었소. 이때 숫자도 함께 등장했다오. 숫자는 변천의 과정을 거쳐 쐐기문자를 사용한 방식으로 정착되었다오. 별도의 숫자를 만들지 않고 문자를 그대로 숫자로 사용한 것이지요. 모든 수들은 2개의 모양만으로 표현되었다오. 𒁹와 𒌋자 모양, 2개가 사용되고 있지요. 𒁹는 1을 뜻하고, 𒌋는 10을 뜻하오. 초기엔 이집트의 방식과 동일하다오. 다만 숫자의 모양이 다를 뿐이지요. 이집트는 10의 단위마다 새로운 숫자를 사용한 반면, 메소포타미아에서는 𒁹와 𒌋의 새로운 조합을 사용했지요.

표를 참고하여 486이나 51028 등을 표현해보겠소?

사용해보면 알겠지만 초기 방식은 상당히 불편하오. 비슷한 기호들이 반복되어 구분이 잘 안 되지요. 숫자가 매우 길어지기도 하고.

그래서 이 방식은 개선되어야만 했소. 하지만 전제 조건은 변함이 없었지요. 사용 가능한 숫자는 2개밖에 없다는 점이오. 제한된 숫자를 가

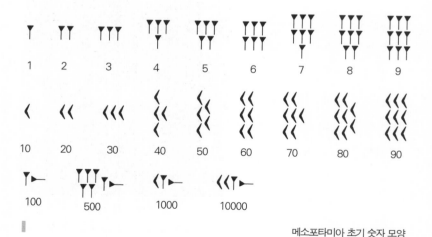

메소포타미아 초기 숫자 모양

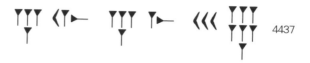

4437

4437을 메소포타미아 초기 숫자로 나타낸 모습

지고 큰 수를 간단하면서도 정확하게 표현할 수 있는 방식! 그걸 찾는 게 문제였지요.

위치적 기수법(記數法)을 쓰다

무엇을 바꿔야 했을까? 그들은 위대한 해결책을 만들어냈다오. 그들은 2개의 숫자를 이용하여 새로운 조합을 만들어내는 방식 자체를 벗어나버렸소.

숫자는 항상 일정한 수의 크기를 가져야 한다! 이전의 모든 수에서는 그러했소. 하지만 메소포타미아인들은 그런 고정관념을 깨트리고, 동일한 숫자라고 하더라도 위치에 따라 수의 크기를 다르게 파악했다오. 위치적 기수법(記數法)을 쓴 것이오. '위치'를 달리 하여 큰 수를 나타내버렸소. 이제 위치는 일정한 크기인 '자리 값'을 갖게 되었고, 서로 다른 자리 값들 사이에는 공백을 두어서 구분했다오. 그리고 60진법이 사용되었지요. 6진법과 10진법을 번갈아 사용하던 방식이 후기로 가면서 60진법으로 정착되었지요. 그들의 60진법은 각도와 시간에서 여전히 사용되고 있지요.

앞의 기호를 수로 옮겨보면 왼쪽은 30, 오른쪽은 56이오. 초기 표기 방식이라면 30+56, 즉 86이었겠지만 후기 방식에서는 86이 아닌 1856이 되지요. 왜냐고요? 맨 오른쪽은 1의 자리요. 그렇다면 그 바로 앞의 자리 값은 얼마일까요? 60진법이므로, 1이 60개가 모여 만들어 지는 60의 자리가 되지요. 그 앞은 60이 60개 모였을 때 만들어지는 자리이므로 3600(60×60)의 자리지요.

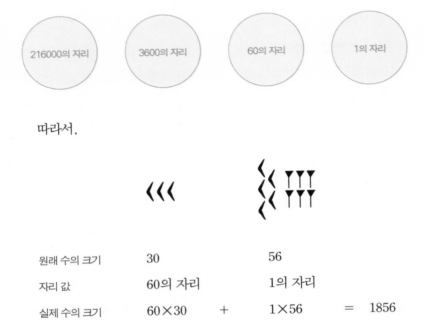

따라서,

	<<<	(기호)		
원래 수의 크기	30	56		
자리 값	60의 자리	1의 자리		
실제 수의 크기	60×30 +	1×56	=	1856

1856이란 수가 아주 간단히 표기되었소. 이 방법은 기원전 1800년 경 출현했다오. 아무리 봐도 위대한 방법이지요? 그렇게 오래전에 이런 방법이 출현하다니 믿겨지지가 않아요. 아마 그들 스스로도 자부심이 대단했을 거요.

쐐기숫자를 사용해보다

자, 그렇다면 이번엔 거꾸로 141을 후기 방식으로 표기해보시겠소? 10진법에 익숙해져 있기 때문인지, 방향만 바꿨을 뿐인데도 어렵게 느껴지지요? 이 문제는 진법의 전환 문제와 똑같은 것이라오. 제일 먼저 알아야 할 것은 가장 큰 자리 값이 무엇인지 알아내는 것이오. 가장 큰 자리 값의 수부터 알아내고, 나머지 자리 값의 수들을 차례차례 채워가면 되지요.

① 141은 60보다는 크고 3600보다는 작지요. 따라서 제일 큰 자리 값은 60의 자리지요.

$$60 < 141 < 3600$$

② 그렇다면 60의 자리에 들어가야 할 수는? 그것은 141안에 60이 몇 개 들어가는가를 알아내는 것이지요. 그 수는 141을 60으로 나눴을 때 몫과 같소. 고로 60의 자리에는 2(𝕋𝕋)가 들어가야 하오.

$$141 \div 60 \rightarrow 몫이\ 2,\ 나머지가\ 21$$

③ 이제 나머지 수(141-120=21)를 1의 자리에서 표기하면 끝이 나지요.

$$141 \rightarrow \qquad \text{𝕋𝕋} \quad \text{《𝕋}$$

이제는 7213을 표기해보시지요. 누가 한번 해보시겠나?

(갈릴레이가 나서서 열심히 풀어가다가 고개를 갸우뚱하며 말한다.)

갈릴레이 ┆ 7213의 경우엔 문제가 있는데! 60의 자리가 비게 되는데 어찌 해야 하지…….

① 7213의 가장 큰 자리 값은 3600이야. 3600보다는 크고 216000보다는 작기 때문이지.

$$3600 < 7213 < 216000$$

② 3600의 자리에는 ❮❮가 들어가야 해.

$$7213 \div 3600 \rightarrow 몫이\ 2,\ 나머지가\ 13$$

③ 이젠 13을 1의 자리에 표시하면 끝이야. 그런데 문제는 60의 자리야. 60의 자리엔 수가 없잖은가? 이 경우 어떻게 하지? 그냥 비워두면 되나? 브라마굽타!

$$7213 \quad \rightarrow \quad ❮❮ \qquad\qquad ❮❮❮❮$$

'비어 있다'는 기호를 사용하다

갈릴레이 아주 잘했소. 실제 메소포타미아인들도 수가 없는 경우엔 그냥 그렇게 비워뒀소. 그런데 문제가 발생하지요. 7213이라는 수를 위처럼 표기할 경우 해석에 따라 크기가 달라질 수 있소. 중간에 빈 자리가 없다고 생각할 수도 있고, 중간에 2개의 빈 자리가 있다고 생각할 수도 있지요. 해석에 따라 전체 크기가 달라지지요.

그래서 이러한 오해를 없애기 위해 그들은 대책을 마련했지요. 그들은 빈 자리를 '공백'으로 비워두는 대신에 그 자리가 비어 있다는 표시를 하려고 다음과 같은 기호를 만들어 사용했다오.

빈 자리를 뜻했던 메소포타미아의 기호.
기원전 3세기경

이 기호들은 기원전 3세기경에 등장했소. 위치적 기수법이 등장한 후 약 1500년이 흐른 뒤였지요. 상당히 늦은 것 같지 않소? 비어 있다는 기호를 사용한다는 사고가 쉽지 않았나 보오. 이렇듯 위치적 기수법을 사용하면 항상 자리가 비어 있음을 나타내는 기호를 사용해야 하지요.

메소포타미아의 수 표기법은 참으로 획기적이었다오. 하지만 이러한 열매의 풍성함은 2개의 숫자만을 반복해서 사용해야 한다는 빈곤함을 기반으로 하고 있었지요. 아이러니 아니오? 풍성함은 부족함의 또 다른 면인가 보오.

계산이란 영역을 품에 안다 ◉

선이나 돌멩이로 시작된 수는 진법, 숫자, 위치적 기수법이라는 단계를 거치면서 그럴싸한 모습을 갖추게 되었소. 하지만 그것만으로는 부족했지요. 해결되어야 할 중요한 문제 하나가 아직 남아 있었지요. 그게 뭘까요?

고대 중국 역시 상형문자로부터 시작하여 한자라는 그들의 독특한 문자를 오래전부터 사용해왔소. 한나라(기원전 220~202) 때는 한자가 거의 완성되었지요.

일 이 삼 사 오 육 칠 팔 구
一 二 三 四 五 六 七 八 九
십 백 천 만 억
十 百 千 萬 億

45678
四萬五千六百七十八
4만 5천 6백 7십 8

930602
九十三萬六百二
93만 6백 2

중국의 숫자 표기

중국인들은 1부터 9까지의 각각의 수를 나타내는 9개의 서로 다른 문자를 사용하고 있소. 이 점은 이집트나 메소포타미아의 방식과는 매우 다르지요. 그리고 10, 100, 1000 등과 같이 10의 배수를 나타내는 문자를 따로 사용하고 있소. 이것이 자리 값을 대신하고 있지요.

실제로 수를 나타낼 때는 덧셈과 곱셈의 원칙이 함께 사용된다오. 45678의 경우 四萬은 '4+10000'을 뜻하는 것이 아니라 '4×10000'을 뜻하지요. 단위 앞의 수는 그 단위가 몇 개인가를 의미하지요. 하지만 다른 단위들끼리는 서로 더하면 되지요.

수 표기법은 여러 가지!

그런데 중국에서는 보다 실용적인 표기법이 또 사용되었지요. 산대(算帶)라고 하는 도구를 이용한 방식이었소. 이것은 계산 막대인데 색깔이나 모양, 놓기의 방식으로 양수와 음수는 물론 분수까지도 표현을 했다오.

산대에 대한 기록은 기원전 6세기경까지 거슬러 올라간다오. 노자의 『도덕경』에는 "훌륭한 수학자는 산대를 사용하지 않는다(善數不用籌策)"라는 구절이 나오지요. 이미 산대가 사용되고 있었다는 것을 알려 주고 있소. 중국인들은 산대를 능숙하게 사용하여 계산문제를 풀었다오. 5세기경 쓰인 것으로 추정되는 수학 책 『손자산경(孫子算經)』에는 산대로 수를 표현하는 원리가 다음과 같이 적혀 있다오.

계산을 하기 위해 먼저 그 위치를 알아야 한다.

일은 세로, 십은 가로,

백은 서고, 천은 넘어져 있네.

천과 십은 서로 바라보고

백과 만이 서로 같다.

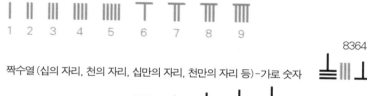

홀수열 (일의 자리, 백의 자리, 만의 자리, 백만의 자리 등) - 세로 숫자

```
 |   ||  |||  ||||  |||||   T    T    ||||   ||||
                                      ||     ||||
 1   2   3    4     5       6    7    8      9
```

8364

짝수열 (십의 자리, 천의 자리, 십만의 자리, 천만의 자리 등) - 가로 숫자

```
 —   =   ≡    ≣    ≣    ⊥    ⊥    ⊥    ⊥
                           —    ≡    ≣
 1   2   3    4    5    6    7    8    9
```

산대를 이용한 중국인들의 숫자 표기

    산대를 이용한 방식은 한자 표기법과 매우 다르오. 8364라는 수가 한자가 아닌 다른 방식으로 표기되어 있소. 여기에서는 위치적 기수법이 사용되고 있지요. 千이나 萬 등의 자리 값을 나타내는 한자가 전혀 사용되고 있지 않소.

    그런데 중국인들은 왜 한자표기법과는 다른 표기법을 별도로 사용하게 되었을까요? 흥미로운 것은 다른 문명에서도 사실상 여러 개의 수 표기법이 있었다는 것이오. 이집트 문명도 3개 정도의 표기법을 갖고 있었고, 마야 문명에서도 점과 막대기 말고 얼굴 형상의 숫자를 가지고 있었지요.

    그 이유는 무엇이었을까요? 바로 용도와 목적에 따라서 표기법을 선택적으로 사용했기 때문이오. 종교적인 경우에는 보다 신비롭고 아름다운 표기법을, 실용적인 경우에는 보다 간결한 표기법을 사용한 것이오.

계산은 신속 · 정확하게

중국인들이 산대 표기법을 별도로 사용한 것은 바로 계산(計算) 문제 때문이었소. 고대사회에서 계산은 굉장히 중요했다오. 땅의 넓이나 적정한 세금을 알아내는 데 계산은 필수적이었소. 따라서 고대의 수학은 '계산'을 뜻했다고도 할 수 있지요. 정확한 답을 얼마나 신속하게 구할 수 있느냐가 관심사였소.

그렇다면 고대인은 계산의 문제를 어떤 방식으로 해결했을까?

중국의 산대는 고대인들이 어떻게 그 문제를 해결했는지 아주 잘 보여주고 있소. 고대인들은 계산을 위해 계산에 편리한 도구를 별도로 사용했다오. 주판이 좋은 예지요. 그리고 곱셈과 나눗셈을 위해 자주 사용하는 계산의 표도 별도로 갖고 있었지요. 구구단처럼 말이오. 고대인들은 계산도구를 사용하여 먼저 신속하게 계산을 했소. 그리고 그 결

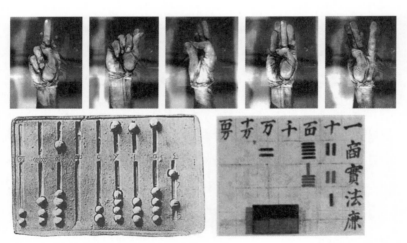

계산의 도구들
손가락 계산 모습(맨 위), 로마 주판(아래 왼쪽), 중국의 산목(아래 오른쪽)

과를 공식적인 수 표기법으로 나타내었지요. 이원화된 방식을 취한 것이지요.

계산의 영역은 중요해졌지만, 공식적인 수 표기법은 계산을 다루기에 적합하지 않았소. 결국 '계산'은 계산도구가 맡게 된 것이오. 따라서 이상적인 수 표기법이라면 계산이란 영역을 다시 포함할 수 있어야만 했던 것이오.

수, 이상적인 숫자를 찾다 ●

수 표기법은 결국 인도인들에 의해서 종합적으로 완성되었소. 그러나 그러한 완성이 순식간에 이뤄진 것은 아니었지요.

기원전 3세기, 수의 크기가 고정되어 있다

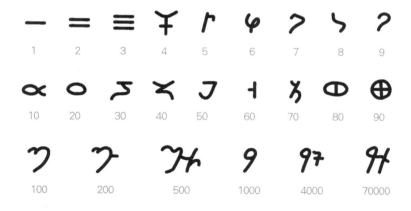

브라미 숫자(Brahmi numerals)라 불리는 고대의 인도 숫자라오. 1부터 9, 10부터 90까지는 독립적으로 표시되어 있소. 100부터 900, 1000부터 9000, 10000부터 90000까지의 수도 독립적이기는 하지만 조금다르다오. 완전히 새로운 숫자를 만들기보다는 1부터 9까지의 수 앞에 100, 1000, 10000을 뜻하는 기호를 추가하여 하나의 숫자로 사용하였소. 4000을 보면 알 수 있을 거요. 4라는 숫자 앞에 1000을 뜻하는 숫자가 더해져 있소. 그런 식으로 100 단위 이상의 큰 수들을 표시했소.

97 가 ① 7   4587
4000   500   80   7

4587라는 수를 표기해놓은 것을 언뜻 보면 위치적 기수법을 사용한 것 같소. 하지만 사실은 4000, 500, 80, 7을 뜻하는 숫자를 독립적으로 나열한 것뿐이지요. 0이 없는 걸로 봐서 아직 위치적 기수법은 사용되지 않았소. 숫자가 의미하는 수의 크기는 고정되어 있었소.

5세기, 위치적 기수법이 사용되다

기원전 3세기 이후 인도 숫자는 변천을 거듭하게 되었소. 그러다 5세기에 들어서서 완전한 형태를 갖추게 되었지요.

458년 산스크리스트어로 쓰인 우주론인 『로카비브하가』, 즉 『우주의 부분들』에 '천사백이십삼만육천칠백십삼'이라는 수가 오른쪽에서 왼쪽으로 쓰여 있다오. 위치적 기수법이 사용되고 있지요. 그리하여 0을 지칭하는 단어인 'sunya'라는 단어가 등장한 것을 볼 수 있지요. 세계에서 최초로 0을 발명한 문명이라는 찬사를 받게 했던 장면이오.

14236713

triny ekam sapta sat trini dve catvary ekakam

삼, 일, 칠, 육, 삼, 이, 사, 일

131072000

sunya sunya sunya dvi sapta sunya eka tri eka

공, 공, 공, 이, 칠, 공, 일, 삼, 일

우리는 이미 고대 메소포타미아에서 0으로 간주될 수 있는 기호가 사용되었음을 살펴보았소. 그런데 왜 우리는 0을 인도인의 발명품이라고 말하는 것이지요?

메소포타미아인과 인도인의 결정적인 차이는 그들이 사용했던 기호의 의미나 역할에서 발생한 것이 아니었소. 그 차이는 0을 수로 인정하느냐 인정하지 않느냐의 관점이었을 뿐이오. 메소포타미아인들은 0을 숫자라고 생각하지 않았소. 0은 비어 있다는 의미의 기호에 불과했지요. 게다가 이 기호의 사용이 모든 경우에 일관되지도 않았다오. 위치에 따라서 사용된 경우도 있었고, 사용되지 않은 경우도 있었지요. 하지만 인도인들은 0을 1이나 2와 같은 숫자와 동등한 것으로 간주했소. 그래서 인도인들이 0을 발명했다고 하는 것이오.

인도 숫자의 특징은 3가지로 요약되오. 0부터 9까지를 서로 다른 독립적인 숫자로 표기한다는 점, 위치를 통해 자리 값을 나타낸다는 점, 그리고 10진법을 사용한다는 점이지요. 위치적 기수법을 사용한다는 점에서는 메소포타미아 표기법과 비슷하고, 0부터 9까지를 서로 다른 기호로 나타낸다는 점은 중국과 비슷하고, 10진법을 사용한다는 점도 다른 문명과 비슷하지요.

서로 다른 10개의 숫자 사용은 수의 길이를 대폭 줄여주었다오. 여기에 위치적 기수법을 사용함으로써 10개의 숫자만으로 모든 수를 나타낼 수 있게 되었지요. 그러자 수의 길이와 수의 크기가 비례하게 되어 크기 비교가 아주 쉬워졌소.

인도인들은 그들의 간단명료한 표기법을 이용하여 양을 자유자재로 표현할 뿐만 아니라 별도의 계산도구 없이 계산할 수 있는 방법들도 개발해갔다오. 이것이 가능할 수 있었던 것은 뛰어난 표기법이 뒷받침되었기 때문이오.

이상적인 언어를 찾아 헤매던 수의 여행은 인도 숫자에 이르러 비로소 끝나게 되었소. 인도인들의 손에 의해서 수는 제 몸에 딱 맞는 옷을 입게 된 것이오. 난 인도인으로서 그 점이 무척 자랑스럽소.

1. 2개의 뼈다귀에 선이 그어져 있습니다. 선의 전체 수를 세지 않고 선의 개수를 비교할 수 있는 방법을 찾아보세요.

2. 여러분이 숫자를 만든다면 몇 진법을 사용하고 싶나요? 그 이유는?

3. 자기만의 상형숫자를 만들어보세요.

4. 7427을 메소포타미아 후기숫자로 나타내보세요.

5. 산대의 구체적인 사용법을 찾아보세요.

6. 우리나라에는 인도 숫자가 언제쯤 들어왔는지 찾아보세요.

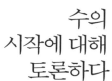

수의
시작에 대해
토론하다

선 긋는 것도 사람이 발전해야 가능하다 ●

투이아비 잘 들었다. 이제야 수가 뭔지 알 것 같다. 수란 선 긋는 것
이다. 숫자란 선이 얼마나 많은지를 표현한 기호다. 선 긋는 것은 우리
에게도 익숙하다.

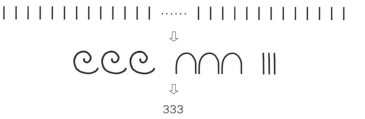

333이란 바로 저런 뜻이었다. 같은 3이지만 나타내는 크기는 다르다. 정말 편리하다. 이렇게 간단하게 나타내다니. 당신들은 선을 긋는 방법이 별 것 아니라고 생각한다. 하지만 그렇지 않다. 선을 긋는 방법도 쉽게 되는 게 아니다.

선이나 돌로 수를 세는 것에도 많은 의미가 있다. 그것은 인간이 손을 자유롭게 사용할 수 있어야만 가능하다. 손이 자유롭지 않고서는 선을 그을 수 없다. 또 선은 도구를 사용했다는 것을 보여준다. 손톱으로 선을 그렸다고 생각하나? 아니다. 무엇으로 그렸다고 생각하나? 단단하고 날카로운 돌도끼가 제격이다.

선을 어디다가 그었을까? 너무 물렁물렁하다면 금방 지워진다. 너무 딱딱하다면 선 긋기가 힘들다. 가장 좋은 것은 동물의 뼈다. 뼈는 돌로 선 긋기도 좋다. 쉽게 없어지지도 않는다. 휴대나 보관도 쉽다. 잡아 먹고 남은 동물의 뼈 중에서 우린 좋은 것을 골라 사용했다.

선 긋는 것도 사람이 발전해야 가능하다. 몸도 발전하고, 사회도 발전해야 한다.

한 가지 더! 선 긋기 이전에도 다른 방법들이 있었다. 사자나 사람, 달에는 형상이 있다. 이들을 선으로 나타낸다는 것도 처음에는 어려웠다. 처음에는 대상을 직접 보여줬다. 또는 대상의 일부를 보여주며 수를 셌다. 멧돼지의 어금니로 죽인 멧돼지의 수를 계산하는 것과 같다. 죽인 사람의 수를 세기 위해 코를 베는 것과 같다. 그러다가 대상들을 간단한 모양으로 나타내기 시작했다.

선에는 아무 모양도 없다. 하지만 그런 선으로 사람의 수를 센다. 엄청난 발전의 결과다.

수의 시작은 사유의 시작이었다 ●

니체 ┃ 투이아비! 선 긋기에 그런 의미가 있었군. 지금껏 생각해보지 못했던 이야기야. 수에 익숙해서 그랬던 것 같아. 그런데 이야기를 들으면서 그 이상의 의미가 있다는 걸 알게 됐어. 수 세는 것이 사유의 발전과 밀접한 관련이 있다는 거야. 투이아비 덕분이야. 들어봐.

나비를 보면서 선을 하나씩 그어가며 수를 셌다고 해봐. 그런데 현실의 나비들은 모양과 크기, 색상이 모두 달라. 하지만 수에서는 모두 같게 취급을 받아. 이것은 조금씩 차이가 나는 현실의 나비들을 동일한 나비로 본다는 의미이지. 그들에게는 이미 '나비'라는 하나의 범주가 형성되어 있었던 거야.

그들은 '날개를 파닥거리면서 꽃을 찾아 날아다니는 예쁜 생물'들을 '나비'로 볼 수 있었던 거야. 유사한 대상들을 묶어서 같은 범주로 생각할 수 있는 집합적 사유 능력을 갖추게 된 거지. '차이가 나는 대상'들을 보면서 '같은 대상'으로 볼 수 있는 사유 없이 수를 센다는 것은 불가능해.

부르바키 ┃ 와우! 아주 예리한 지적인데. 대단해. 니체의 말이 맞다는 실례를 하나 들어주지. 오스트레일리아, 뉴기니, 브라질 등지에는 석기시대 수준의 문명을 유지하며 살아가는 종족들이 있어. 그들은 셈을 거의 하지 않거나 2~3 이상의 수를 나타내는 말이 없어.

그런데 그들에게는 유사한 대상들의 집합체를 나타내는 말도 없다고 해. 수백 종의 나무를 잘 분간해서 하나하나 이름을 달리 부르는데도 '나무'라는 총괄적인 낱말은 없다는 거야. 재미있지 않아?

그들은 나무들을 집합적으로 사유하지 않았던 거야. 나무 하나하나

에셔, 〈대칭 70〉, 1948년

동일한 모양과 크기의 나비들로 평면이 완벽하게 채워져 있다. 수를 셀 수 있다는 것은 현실의 '차이'
가 나는 나비들을 이처럼 '동일'한 나비로 바라보는 것을 의미한다.

의 차이에 주목했을 뿐 나무들을 묶어서 사유하지 않은 거지. 하나하나를 존중해주고 인정해줬다고도 볼 수 있지. 그 결과 그들은 수를 셀 수 없었던 거야.

니체 집합적 사유는 유사한 성질의 대상들을 묶어줌으로써 다른 대상들과 구분을 해줘. 애매모호하고 경계가 없던 대상들이 분명한 경계를 갖게 되는 거야. 이는 아무렇게나 흩어져 있던 지역을 화정동, 행신동 하며 명확하게 구분지어주는 것과 같아. 이렇게 하면 우리는 그 지역을 명확하게 인식할 수 있게 돼. 인식 불가능하던 세계가 인식 가능한 세계로 탈바꿈하는 거지.

집합적 사유는 세계를 인식하려는 과정에서 발생하게 되었을 거야. 초기 인류는 많은 대상들로 가득 찬 주위 환경 속에서 생존해야만 했어. 그러한 생존의 욕구가 세계를 이해하도록 자극했겠지. 생각해봐. 보름달이 언제 뜨는지 안 뜨는지를 미리 안다면 얼마나 좋겠어? 세계를 이해한다면 우리는 우리의 활동 내용과 방식을 조절할 수 있게 되잖아.

세계를 이해하려는 욕구는 세계를 달리 보게 했어. 다르지만 같게 보도록 한 거지. 수란 인간의 사유를 기반으로 등장했어. 그러면서 세계를 이해하기 위한 사유의 문을 활짝 열어준 거야. 문명의 직립보행이 시작된 게지. 선 긋는 것 하나 가지고 과도하게 해석하는 건가?

진법적 사유는 묶음과 분할이다 ●

진법의 출현에도 다양한 의미가 있어. 이제 사람들은 수에 익숙해졌어. 10개라는 양에 익숙하지 않고서야 어떻게 10개를 나타내는 하나의 단위를 자유롭게 사용할 수 있겠어?

그런데 이런 진법적 사유는 어디에서 유래한 것일까? 난 자연 속에서 관찰되는 일정한 주기성에 대한 경험에서 유래했을 것 같아. 29일이 지나면 달의 모양이 원래의 모습으로 된다는 것을 안 것이지. 사람들이 일정한 주기와 규칙으로 자연 현상을 파악해가기 시작했던 거야. 상당히 적극적인 개입이지. 그 과정에서 대상을 단순화해서 바라보는 것은 어쩔 수 없었을 거야. 직선이나 원과 같은 기하학적 모양이 신석기시대에 출현한 것도 그런 맥락일 것 같군.

진법적 사유의 역은 하나의 단위를 여러 개의 부분으로 나누는 것이야. 따라서 '묶음'이란 '분할'의 문제와 함께 갈 수밖에 없어. 여러 개를 하나로 묶을 수 있었다면 하나를 여러 개로 분할할 수도 있지 않았을까?

'묶음'과 '분할'의 문제는 정착생활에 매우 필요했을 거야. 효과적인 운영을 위해 조직은 묶여지기도 하고 나눠지기도 해야 했겠지. 몇 개의 하루를 묶어 달을 만들었을 테고, 하루는 몇 개의 리듬으로 나눠졌겠지. 일 년도 몇 개의 절기로 분할되었을 테고. 농사를 짓는 과정도 그렇고.

묶음과 분할은 전에 없던 것을 새로 해석해내고 만들어내는 '의도적'이고 '창조적'인 행위야. 없던 것을 만들어낼 수 있을 만큼 인류는 이제 좀더 과감하고 적극적인 삶의 에너지를 갖게 된 것이지. 이런 진법적 사유 능력으로 자연현상을 해석하기도 하고 사회의 체계와 조직을 묶고 분할하며 재구성해갔을 거야. 수에서의 묶음이라는 단면은 문명의 묶음과 분할이라는 입체의 한 표면이 아니었을까?

진법은 문화적인 코드를 품고 있어 ●

진법을 사용할 때는 몇 진법을 사용할 것인가를 결정해야 해. 가장 우수한 진법 또는 가장 미개한 진법이란 게 있을까? 하지만 진법의 차이가 문명의 우수함의 정도를 나타내는 것은 아냐. 진법의 차이는 오로지 그 사회의 문화적 차이를 나타낼 뿐이야. 고대 메소포타미아 문명에서는 6진법과 10진법을 거쳐 60진법이 사용되었고, 고대 이집트와 잉카에서는 10진법이 사용되었어. 이 외에도 5진법, 12진법, 20진법 등 다양한 진법이 있었어.

몇 진법을 쓸 것인가의 문제는 그 사회에서 선택하는 거야. 그 사회의 문화적인 이유에 따라 선택되겠지. 따라서 진법은 사회문화적인 코드를 품고 있어. 진법을 그 사회의 의미체계와 관련지을 수도 있을 것 같아.

고대에서의 다양한 진법은 시간이 흐르면서 단일한 진법으로 통일돼 버렸어. 수에서는 10진법이 다양한 진법을 물리치고 단일한 진법으로 자리잡았지. 수 이외의 영역에서도 마찬가지야. 일 년은 12개월이고, 일 년은 사계절이며, 방위는 동서남북이야.

이처럼 어떤 현상에 대한 의미가 하나로 고정된 경우가 대부분이야. 사회의 규모가 커지고 네트워크화되면서 그렇게 된 거지. 그러나 앞에서 봤던 것처럼 고대에는 하나의 현상에 대한 다양한 해석이 있었어. 우리도 필요하다면 얼마든지 다양한 해석을 할 수 있어야 해.

별을 다양한 모양으로 그리다

어린왕자 니체 아저씨의 이야기에 동감해요. 사람들은 별 하면 항상 이렇게 그려요.

★

아이들도 조금만 크면 다 이렇게 그리죠. 이런 별을 오광성이라고 해요. 하지만 별을 꼭 이렇게만 그릴 이유는 없어요. 다양하게 그릴 수 있죠. 실제로 고대인들은 별을 참 다양한 모양으로 그렸어요. 별을 그만큼 다르게 해석하였기에, 다르게 분할했어요. 고대인들이 더욱 풍부한 상상력과 다양성을 갖고 있었던 것 같아요.

별을 나타내는 고대의 다양한 모양

이집트 숫자를 말하다 ●

유클리드 | 난 이집트와 메소포타미아 수에 대해서 좀더 이야기를 하겠네. 그리스 문명이 이집트와 메소포타미아 문명의 영향을 많이 받아서 내가 좀 알거든. 탈레스나 피타고라스 같은 선배들도 젊었을 때는 이곳에 가서 배웠다네. 나 역시 이집트에 세워진 알렉산드리아에서 수학을 공부하며 가르치기도 했네.

숫자의 등장은 문자의 등장이라는 큰 흐름과 함께 이해해야 하네. 그런데 숫자가 먼저인지 다른 문자가 먼저인지는 잘 모르겠네. 하지만 숫자는 문자에서 빠지지 않았지. 그만큼 '수'가 중요했다는 거 아니겠나?

이집트의 숫자는 상형숫자네. 그렇기에 재미있는 현상이 생긴다네. 상형숫자는 수의 크기가 고정되어 있네. 따라서 위치는 전혀 문제가 되지 않아. 여러 숫자가 뒤죽박죽 섞여 있더라도 전체 수의 크기는 변하지 않네.

수를 표기하는 순서도 전혀 상관이 없네. 오른쪽에서 왼쪽으로 써도 되고, 왼쪽에서 오른쪽으로 써도 되지. 마찬가지로 위에서 아래로 쓰는 것이나 아래에서 위로 쓰는 것도 전혀 문제되지 않아. 숫자의 모양도 사람과 지역에 따라서 조금씩 달라지기도 했다네.

그런데 상형숫자는 빨리 표기해야 할 경우에는 적합하지 않네. 모양이 복잡하기 때문이지. 그래서 고대 이집트에는 용도에 따라 여러 가지 표기법을 사용했다네. 상형문자를 흘림체로 쓰는 신관문자가 등장하기도 했고, 속용문자(俗用文字)라고도 하는 민중문자가 등장하기도 했네.

0과 무(無)라는 개념 ●

문제 하나 내겠네. 인도 숫자와 비교해볼 때 이집트 숫자에 없는 게 하나 있네. 뭔지 알겠나? 2부터 9까지의 숫자가 없다고 할 수도 있을 걸세. 하지만 1을 나타내는 수직막대기를 여러 개 표시하면 충분히 표현할 수 있네. 하지만 이집트 숫자로 아무리 조합을 해도 나타낼 수 없는 수가 있다네. 바로 0일세.

고대 이집트인들은 왜 0이란 숫자를 사용하지 않았을까? 무(無)라는 개념을 모르고 있었다고? 어떤 이들은 이렇게 0을 무(無)라는 개념과 밀접하게 연관을 지어 생각하더군. 하지만 난 꼭 그렇게 생각하지 않네.

고대 이집트인들은 사후세계를 굉장히 중요시했네. 피라미드, 미라, 스핑크스 따위의 유물뿐만 아니라 부활을 뜻하는 오시리스 신화도 사후세계와 관련되었지. 보이지 않는 사후세계를 실재의 세계로 인정하며 살았던 이집트인들이었어. 따라서 그들이 무(無)라는 개념을 몰랐

죽은 자가 심장의 무게 달기 의식을 통과하여 오시리스 신 앞으로 나아가고 있다.

다는 것은 말이 안 되지. 아무것도 없는 양도 충분히 알았을 걸세.

그럼에도 고대 이집트인들은 '0'이라는 숫자를 사용하지 않았네. 이유는 간단해. 그럴 필요가 없었기 때문이야. 상형숫자에서 '아무것도 없는 양'은 표현을 안 하면 되었으니까.

하지만 메소포타미아는 상형숫자가 아니었네. 그들은 위치적 기수법을 사용하면서 이집트에서 사용하지 않은 기호를 만들어냈지. 특정 자리가 비어 있다는 기호 말이네. 0이라는 숫자는 숫자가 아니라 '비어 있음'을 나타내는 일종의 글자였어. 아무런 양도 없는 상태를 나타낸 게 아니었어.

보통은 0을 다음과 같이 설명하네. 어떤 물건이 여러 개 있다가 하나씩 없어지면서 아무것도 남지 않게 되었을 때를 0이라고 하지. 역사적인 과정과는 상당히 다르네. 0이라는 숫자의 유무는 수 표기방식의 문제였지, 무(無)라는 개념의 유무와는 상관이 없네. 실제로 0이라는 숫자를 가졌던 문명은 모두 위치적 기수법을 사용했던 곳이었다네.

그런데도 0의 발명자를 인도인들이라고 하는 게 맞는지 의문이 드는군. 메소포타미아인들은 낫 놓고 기역자도 몰랐던 셈이네. 결국 0에 대한 공로는 인도인의 것이 되었지. 하지만 실질적인 공로는 메소포타미아인에게 돌려야 할 것 같네. 그렇지 않나, 브라마굽타?

인도와 그리스의 교류를 말하다 ●

얘기 나온 김에 한 가지 더 확인하고 싶은 게 있네. 인도 숫자에 대한 이야기를 들으면서 뭔가 의문 나는 게 있었네. 기원전 3세기의 인도 숫자의 원리가 고대 그리스 숫자의 원리와 같네. 그리스인들은 숫자를 따로 만들지 않고, 문자인 알파벳을 숫자로도 사용했네. 알파벳마다 수의 크기를 고정하고 각 알파벳을 더해서 전체 크기를 나타냈지.

Alpha	Beta	Gamma	Delta	Epsilon	Digamma	Stigma	Zeta	Eta	Theta
A α	B β	Γ γ	Δ δ	E ε	Ϝ	ς	Z ζ	H η	Θ θ
1	2	3	4	5	6	6	7	8	9

Iota	Kappa	Lamda	Mu	Nu	Xi	Omicron	Pi	Koppa
I ι	K κ	Λ λ	M μ	N ν	Ξ ξ	O o	Π π	ϟ
10	20	30	40	50	60	70	80	90

Rho	Sigma	Tau	Upsilon	Phi	Chi	Psi	Omega	Sampi
P ρ	Σ σ ς	T τ	Y υ	Φ φ	X χ	Ψ ψ	Ω ω	ϡ
100	200	300	400	500	600	700	800	900

고대 그리스의 숫자 체계
알파벳마다 일정한 수의 크기를 할당해 숫자로 사용하였다.

834는 $\omega\lambda\delta$라고 표현할 수 있네. 기원전 3세기경의 인도 숫자와 모양만 다를 뿐 나머지 원리는 똑같지 않은가? 위치적 기수법을 쓰지도 않았고, 0이라는 숫자도 없네.

브라마굽타, 이게 우연의 일치인가? 자네는 인도 숫자의 우수성과 그런 인도 숫자를 만들어낸 인도인들의 우수성에 대해서 강조했었네. 마치 인도 숫자가 인도인들에 의해서 독창적으로 만들어진 것처럼. 그런데 정말 그러한가? 혹 그리스 숫자와의 교류가 영향을 준 것이 아닐까? 자네도 알다시피 그럴 만한 역사적 사건이 있지 않은가.

그리스에는 알렉산드로스(재위 BC 336~323)라는 위대한 왕이 있었네. 그는 그리스를 통일한 이후 원정을 나서서 메소포타미아와 이집트, 페르시아를 포함한 대제국을 건설했지. 그의 제국은 인도에까지 이르렀어. 그리하여 다양한 인종과 문명이 섞인 헬레니즘 문화가 형성되었지.

알렉산드로스 대왕은 학문을 장려했네. 도서관을 많이 짓고 책의 수집에도 많은 노력을 했지. 학자들을 불러 함께 연구하고 교류하도록 장려하기도 했고. 이러한 사회 분위기를 고려한다면 인도인들이 그리스 숫자를 접했을 가능성은 충분하지 않은가? 그리스뿐만 아니라 메소포타미아 숫자도 접해봤을 걸세. 메소포타미아 숫자로부터 위치적 기수법을 배웠을 수도 있겠지. 5세기경 인도에서 위치적 기수법이 등장한 것도 이것과 관계가 있지 않을까?

인도인들이 수의 역사에서 결정적인 역할을 한 것만은 분명하네. 그렇다고 인도인들이 독창적으로 그 모든 일을 했다고 일부러 이야기할 필요는 없지 않겠나? 어떻게 생각하나?

브라마굽타 ┃ …… 그 질문에 대해선 할 말이 없다오. 그렇게 주장하는 사람들도 있다고 들었네. 하지만 그 주장을 뒷받침할 근거가 아직은 부족하오. 그래서 그것을 언급하지 않은 것이라네.

인도 숫자의 유럽 전파를 이야기하다 ●

갈릴레이 ┃ 유클리드의 추측에는 충분한 개연성이 있는 것 같군. 그렇더라도 수에 대한 인도인들의 공헌은 인정해야지 뭐. 그들 덕분에 수학하기가 얼마나 편리해졌는데.

　이슬람인들도 인도 숫자의 탁월함을 단번에 알아봤대. 더군다나 그들에게는 고집해야 할 전통적인 숫자 체계가 있지도 않았어. 그래서 인도 숫자를 적극적으로 받아들여 활용했지. 그 과정에서 숫자의 모양은 조금씩 바뀌었어. 하지만 인도 숫자의 기본 원리는 동일하게 유지되었어.

　이슬람 문명을 통해 중세 유럽인들은 인도 숫자를 접했어. 이슬람인들이 점령하고 있던 스페인 지역을 통해서였지. 유럽인들은 아라비아인들로부터 배웠기 때문에 아라비아 숫자라고 부르기 시작했어. 그런데 중세 유럽에서는 이미 로마 숫자가 사용되고 있었어. 로마 숫자는 주로 기독교 측에서 사용되었지. 여기에서도 종교인들의 보수적인 태도가 또 드러났어. 이 사람들, 아라비아 숫자를 반대하고 나섰어. 하여간 변화와는 거리가 먼 사람들이야. 그럼에도 인도 숫자의 가치를 인정하며 보급하려고 노력했던 사람들이 있었어.

　피사의 레오나르도라고 불리는 피보나치가 대표적인 사람이야. 대단한 수학자였지. 피보나치는 이슬람 문명을 경험해보면서 아라비아 숫자를 접했어. 수학자로서 그는 아라비아 숫자의 편리함을 알아보고 여러 가지 지식을 습득했지. 그리고 나서 1202년에 『주판서(珠板書)』란 책을 썼는데, 이 책에서 그는 아라비아 숫자를 다음과 같이 소개했어.

　인도인의 9개의 숫자는 다음과 같다.

　9 8 7 6 5 4 3 2 1

　이 9개의 숫자와 기호 0을 가지고

다음에 설명하는 것과 같이 어떤 수든지 쓸 수 있다.

비록 로마 숫자를 옹호하던 사람들이 있었지만 아라비아 숫자가 대세인 것은 틀림없었지. 시간상의 문제였을 따름이야. 상업과 도시가 발달되면서 사회는 편리한 수 체계를 필요로 했거든. 어쩔 수 없이 로마 숫자를 옹호하던 세력과 아라비아 숫자를 옹호하던 세력 사이에 패권 다툼이 발생했지. 하지만 유럽 사회는 변해가고 있었고, 아라비아 숫자는 그러한 변화에 가장 잘 부합하는 숫자였어. 결국 15~16세기를 거치면서 아라비아 숫자는 서구사회에서 로마 숫자를 밀쳐내며 자리매김하게 되었지.

인도 - 아라비아 숫자의 독주는 영원할까? ●

부르바키 서구사회는 16, 17세기를 거치면서 팽창하기 시작하지. 아프리카로, 아메리카로, 아시아로 번져나갔어. 서구 문화와 생활방식이 전 세계로 이식되었어. 투이아비 추장이 빠빠라기라고 불렀던 백인들을 보게 된 것도 이 과정에서였어. 안타깝게도 이 과정은 상당히 폭력적이었어.

서구문명에 탑재되어 있던 아라비아 숫자 역시 서구문명의 세계 진출 경로를 따라 그대로 세계화되었어. 서구문명이 토착적인 문명을 밀어냈듯이, 아라비아 숫자는 기존의 숫자들을 밀어냈어. 19세기 후반과 20세기를 거치면서 아라비아 숫자는 거의 전 세계적인 숫자가 되었지. 아라비아 숫자라는 명칭은 다분히 서구적인 관점에 입각한 것이야. 앞

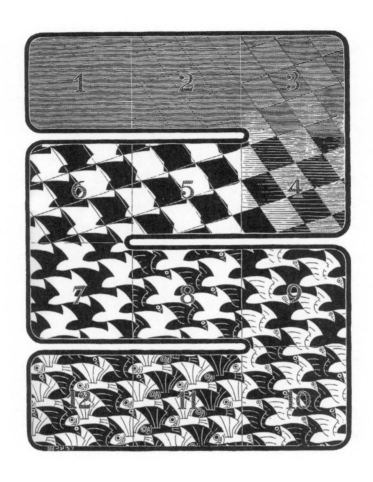

에셔, 〈평면의 규칙적인 분할〉, 1957년

무의 상태에서 경계가 생기기 시작하고, 구역이 나눠지며, 모양이 나타나고, 완전한 하나의 형상이 된다. 그와 더불어 수의 역사 또한 진행된다. 그 시작은 1이다. 자연수 1, 바로 1을 단위로 하여 수는 점점 커진다. 그 과정에서 아라비아 숫자는 수를 기록하는 대표적인 언어로 자리잡았다. 그런데 12 이후 수의 모습은 어떻게 될까? 그렇게 쭉 가는 것일까 아니면 또 다른 모습으로 변신하게 될까?

으로는 인도-아라비아 숫자라고 부르는 것이 좋을 거야.

인도-아라비아 숫자는 분명 '숫자의 하나'였어. 하지만 서구문명의 확장과 더불어 '하나만의 숫자'로 여겨지게 되었지. 수학 교수 조르주 이프라는 인도-아라비아 숫자에 대해 이런 말을 했다더군.

> "우리가 사용하고 있는 위치적 명수법은 완전한 체계를 구축하고 있다. 우리가 현재 가지고 있는 명수법은 수의 표기법의 역사에서 최종 단계를 구성한다. 이것이 실현되면서 다른 발견들은 이 영역의 내부에서나 가능하게 되었다."

숫자 체계는 이제 완성되었다는 거야. 그런데 과연 인도-아라비아 숫자의 독주는 영원할까? 분명 인도-아라비아 숫자는 탁월해. 그러나 그러한 탁월함이 인도-아라비아 숫자의 영원성을 보장하리란 법은 없지. 지금까지의 수의 역사가 보여주듯, 사회가 바뀌면 숫자 또한 바뀔 수 있지 않을까?

수 공부, 이제 시작에 불과해 ●

부르바키 | 와우, 첫 출발이 아주 좋은데. 가장 걱정했던 투이아비 추장이 열성적으로 참여했어. 오히려 그는 수의 시작을 이해하는 데 큰 도움을 줬어.

투이아비 | 내가 도움이 되다니 아주 좋다. 놀랍다. 이제 수와 숫자를 조금 알 것 같다. 내가 좀더 일찍 수를 알지 못했던 게 아쉽다. 빠빠라

기를 더 잘 이해할 수 있었을 텐데. 자, 이제 수 공부 끝났다. 함께 놀자. 낮잠도 좋고, 물가에 가서 수영도 하자.

부르바키 | 투이아비, 무슨 소리? 누가 수 공부가 끝났대? 수는 그렇게 간단치가 않아. 조금 전 우리는 단지 '자연수'에 대해 공부했을 뿐이라고. 이제 시작에 불과해. 어쩌지?

모모 | 맞아요. 투이아비. 안타깝지만 수가 더 있더라고요. 저도 그 점이 불만이에요. 또 다른 수가 왜 필요하다는 건지 모르겠어요. 마을 아이들과 놀 때 아이들이 가끔씩 이상한 수를 사용하는 것을 봤어요. 사과를 $\frac{1}{6}$씩 나눠 먹으면 된다는 둥, 키가 0.1m가 더 크다는 둥. 전 그냥 웃고만 있었어요.

어린왕자 | 아~~ 그거 기억난다. $\frac{1}{6}$과 같은 수를 분수라고 하고, 0.3 같은 수를 소수라고 하죠?

모모 | 분수는 뭐고, 소수는 또 뭐예요?

니체 | 그건 내가 아주 잘 알아. 분수는 수 사이에 가로막대 '—'가 들어가. 반면 소수는 수 사이에 소수점 '.'이 들어간단다.

갈릴레이 | 그래? 그럼 분수와 소수는 모양새만 다르단 말인가? 그렇담 뭐 하러 두 개의 명칭을 사용하지? 헷갈리게. 안 그래, 유클리드?

유클리드 | 그렇지. 같은 거라면 그래선 안 되는 법일세. 엄밀한 수학의 세계에서는 더더욱.

부르바키 | 분수와 소수가 단지 모양만 다른 수라고 생각하는 건 착각이야. 분수와 소수는 다른 수들이지. 분수와 소수를 따로따로 배워서는 둘 사이의 관계를 쉽게 파악하기가 힘들어. 아예 분수와 소수에 대해 살펴보는 게 좋을 것 같은데.

갈릴레이 | 좋은 사람이 떠올랐네. 나와 같은 시대를 산 사람인데, 소

수를 보급하는 데 결정적인 역할을 했어. 그 사람이라면 분수와 소수에 대해 정확하게 말해줄 수 있을 거야. 한번 만나보고 싶었는데, 잘 됐군. 그를 두 번째 '실험용 쥐'로 초청해볼까?

1. 수의 등장 과정과 사유의 관련성을 보면서 떠오른 또 다른 생각이 있다면 이야기해보세요.

2. 한 다스(12), 일주일(7)처럼 진법의 개념을 확인할 수 있는 예를 주위에서 찾아보세요.

3. 다른 문명과의 교류가 인도 숫자의 형성에 기여를 했다는 주장에 대해 어떻게 생각하나요?

4. 인도-아라비아 숫자 이외의 숫자가 등장할 수도 있다고 생각하나요? 무슨 근거로 그렇게 생각하나요?

5. 분수와 소수의 공통점과 차이점에 대해서 이야기해보세요.

13

분수와
소수를
공부하다

(네덜란드의 한 바닷가, 풍력자동차가 달리고 있다.)

"비켜~~ 다치고 싶지 않으면 비키란 말야!!

우후~~ 기분 좋은걸.

따르릉♪ 따르릉♫ 비켜 나세요. 자동차가 나갑니다. 따르르르릉 ♪♫"

저게 뭔지 알아? 사람들이 지나가며 아주 신기해했지. 큰 돛도 보이고, 거대한 바퀴도 보이지? 저건 바로 풍력자동차야. 직경이 큰 나무 바퀴 4개가 있는 수레에 돛을 달아 28명을 태우고 바닷가에서 34km/h로 68km나 달렸지. 직경이 얼마냐면…… 무려 1.5m였다네. $1\frac{5}{10}$ m 이지.

시몬 스테빈의 풍력자동차

자동차는 처음 레오나르도 다 빈치가 생각해냈어. 그 친구는 태엽으로 만든 자동차를 생각만 해냈지. 하지만 난 고안도 하고, 직접 만들어 보기까지 했어. 풍력자동차는 매우 친환경적이었어. 하지만 방향전환이 안 되고 바람이 없으면 달릴 수가 없다는 단점이 있었지.

난 시몬 스테빈(1548~1620)! 이 자동차를 발명한 사람인데 수학자이자 과학자 겸 엔지니어였지. 다양한 분야에서 업적을 남겼어. 축성(築城)기사로도 명성을 얻었고 '힘의 평행사변형의 법칙'을 발견하기도 했지. 수학에서는 소수(小數)의 계산에 관한 최초의 조직적인 해설을 해서 소수의 보급에 이바지했지. 난 소수의 표기법과 계산법의 가치를 알아봤어. 그래서 소수의 사용을 적극적으로 장려했지.

분수와 소수에 대해 궁금해한다고? 보통 사람들은 분수는 가로막대를, 소수는 소수점을 사용하는 수라고 해. 아무것도 모르는 무식한 소리지! 여긴 그런 친구 없겠지? 난 분수와 소수의 차이점을 아주 잘 알고 있어. 분수와 소수는 같으면서도 달라. 무슨 소리냐고? 설명해주지. 소수를 이해하려면 먼저 분수를 알아야 해. 분수부터 공부해볼까?

자연수의 단위와 한계를 말하다 ●

1, 2, 3과 같은 자연수(自然數)로부터 수는 시작되었어. 자연수는 가장 익숙하면서도 쉬운 수야. 그런데 자연수가 왜 쉽지? 말할 수 있겠어? 그것은 단위 때문이야. 우리는 사람 수를 셀 때 사람들의 키나 피부색, 남녀노소를 구분하지 않아. 사람이라면 무조건 한 사람이지. 이것은 자연수의 단위가 '1'이라는 것을 의미해. 조금 큰 사람이나 작은 사람도 무조건 1로 취급하지.

단위가 1이기 때문에 편하기는 하지만, 자연수가 결코 만능열쇠는 아니야. 자연수이기 때문에 갖고 있는 단점이 있지. 뭘까?

모든 대상을 똑같은 '1'로 취급한다는 데 불만이 있을 수 있어. 차이가 있는데 모두 같게 취급한다고 말야. 식량을 분배할 때 어른과 아이를 구별하지 않고 수대로만 분배한다면 제대로 분배한 걸까? 한 뼘보다 조금 크거나 작은 길이를 모두 한 뼘이라고 한다면 길이를 제대로 측정한 걸까? 정확함을 요구하는 시대일수록 그런 오차는 용납되기 어려지는 법이지.

분수를 소개하다 ●

자연수의 문제점 역시 단위 때문에 발생해. 1이라는 단일한 단위로 모든 양을 표현하려니 모자라거나 남는 양을 무시할 수밖에 없어. 그렇다면 해결책은 뭘까? 간단해. 단위를 조절하면 돼.

문제는 '1이라는 단위보다 조금 넘치거나 부족한 양을 어떻게 하느냐'야. 그러니 무시되었던 양을 정확하게 표현해주면 문제는 해결돼. 1보다 작은 양을 처리할 수 있는 작은 단위를 만들어 사용하면 되겠지. 이게 분수야. 세 조각으로 나눠진 네모의 두 개 부분은 $\frac{2}{3}$, 네 조각으로 나눠진 동그라미의 세 개 부분은 $\frac{3}{4}$, 이런 식이지.

가로막대 아래에 있는 수를 '분모(分母)', 가로막대 위에 있는 수를 '분자(分子)'라고 해. 사람들은 이런 한자의 사용을 분수의 표기형태와 관련시켜 설명하더군. 어머니가 아들을 업고 있듯이 분모가 분자를 업고 있다는 거야. 그럴싸하지? 그러나 이 용어에는 보다 근원적인 의미가 담겨 있어.

분수의 단위는 하나를 몇 개로 나누느냐에 따라 결정돼. 즉, 분모에 의해 분수의 단위는 결정되는 거야. 따라서 분모가 분수 생성의 어머니인 셈이야. 분자는 분모에 따라 자동적으로 탄생하게 되지.

고대에도 분수는 사용되었다

고대 이집트인들은 그들의 상형숫자 위에 타원형을 표시함으로써 분수를 나타냈어. 그렇게 표기할 경우 그 분수는 분자가 1인 분수, 즉 단위분수가 되었지. 아래와 같이 2와 100 위에 타원형을 그리면, 그 값은 $\frac{1}{2}$과 $\frac{1}{100}$이 되는 거야. 분자가 1이 아닌 예외적인 분수가 딱 하나 있었는데 $\frac{2}{3}$였대. $\frac{2}{3}$가 그들에겐 뭔가 특별한 의미가 있었나봐.

그렇다고 그들이 단위분수 이외의 양들을 몰랐던 건 아냐. 그들은 단위분수만을 '표기' 했을 뿐이야. 이외의 분수에 대한 지식도 충분히 갖고 있었지. 그들이 사용했던 표를 보면 놀랄걸. 이 표는 다른 분수를 단위분수들의 합으로 나타내고 있어.

$$\frac{2}{5}=\frac{1}{3}+\frac{1}{15}$$

$$\frac{2}{7}=\frac{1}{4}+\frac{1}{28}$$

$$\frac{2}{9}=\frac{1}{6}+\frac{1}{18}$$

이런 식이었어. 그런데 알고 보면 이게 쉽지가 않아. 오히려 훨씬 어렵지. 직접 해보면 알 수 있을걸. 이집트인들은 분수들의 크기 비교나 계산에 대한 정확한 지식을 갖고 있었던 게 틀림없어. 심지어는 이 작업을 하는 데 몇 가지 규칙을 이용하기도 했대. 패턴을 읽을 줄 알았다는 거야.

고대 중국인들은 보다 자유롭게 분수를 사용했어. 그들의 수학 책 『구장산술』 1장에는 분수의 크기 비교, 분수의 약분, 분수들 간의 사칙연산을 다룬 문제들이 있어. 대분수도 있고.

5. 今有十八分之十二. 問約之得幾何 (지금 $\frac{12}{18}$가 있다. 그것을 약분하면 얼마인가?)

7. 今有三分之一, 五分之二. 問合之得幾何 (지금 $\frac{1}{3}$과 $\frac{2}{5}$가 있다. 그것들을 더하면 얼마인가?)

12. 今有八分之五, 二十五分之十六. 問孰多, 多幾何 (지금 $\frac{5}{8}$과 $\frac{16}{25}$이 있다. 어느 쪽이 크며, 얼마나 큰가?)

22. 今有田廣三步, 三分步之一, 從五步, 五分步之二, 問爲田幾何 (지금 밭이 있는데, 가로가 $3\frac{1}{3}$보, 세로가 $5\frac{2}{5}$보이다. 밭의 넓이는 얼마인가?)

분수의 단위는 무수히 많다

분수의 단위는 뭘까? 한마디로 말하기 어렵지? 분수에 따라 단위가 달라지잖아. 이걸 세련되게 표현해볼까? $\frac{1}{n}$ (n은 자연수)이라고 하면 돼. 자연수가 무한하니까 분수의 단위 역시 무한하겠지. 분수는 자연수처럼 1과 같은 '단일한' 단위를 갖지 않아.

단위가 많다 보니 다른 수에서는 불가능한 일이 분수에서는 가능해져. 동일한 양도 단위를 달리하여 다른 수로 표현될 수 있다는 거야.

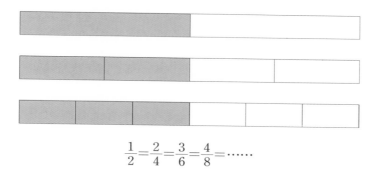

$$\frac{1}{2} = \frac{2}{4} = \frac{3}{6} = \frac{4}{8} = \cdots\cdots$$

색칠된 부분은 맨 위부터 $\frac{1}{2}$, $\frac{2}{4}$, $\frac{3}{6}$이야. 크기는 같지만 분수는 달라. 분수에서만 가능한 일이지. 자연수에서는 불가능해. 3이란 크기는 3으로만 표현돼. 2나 5와 같이 다른 자연수로 표현될 수 없어.

하지만 단위 때문에 크기 비교와 계산이 번거롭고 어려워져. 이 부분이 초등수학의 연산에서 가장 어려운 영역이야. 하지만 분수라고 하더라도 단위가 같은 경우엔 전혀 문제되지 않아. '$\frac{11}{43}+\frac{13}{43}$'의 경우는 단위가 $\frac{1}{43}$로 같아. $\frac{1}{43}$이 11개인 분수와 13개인 분수를 더하는 것이므로 $\frac{24}{43}$가 되지. 그러나 '$\frac{123456}{345678}+\frac{102049470}{285054386}$'의 경우처럼 단위가 다른 경우엔 문제가 복잡해져.

크기 비교와 계산이 어렵다는 것은 수로서는 치명적인 결함이야. 수라는 것 자체가 크기 비교를 위해서 탄생한 거잖아. 그래서는 분수를 자유롭게 활용하기가 힘들어져. 그렇다고 방법이 없는 것은 아니야. 만약 방법이 없다면 분수는 살아남지 못했을걸. 비교와 계산이라는 늪에서 분수를 구해준 구세주는 무엇이었을까?

'단위가 무수히 많다는 분수의 특징'이 바로 구세주였어. 분수를 어렵게 만들었던 그 점이 바로 분수의 생존을 가능케 했지. 아이러니야. 원리는 간단해. 서로 다른 단위를 같게 해주는 거야. 이 작업에 필요한 기술이 바로 통분이야. 이렇게 해서 분수의 약점은 극복되었어. 그렇다면 분수의 단위를 맞춰 다음을 직접 계산해볼까?

$$\frac{123456}{345678}+\frac{102049470}{285054386}$$

에셔, 〈모자이크 Ⅱ〉, 1957년

다양한 사물로 평면이 가득 차 있다. 모두가 다른 형체를 취하고 있다. 분수는 무한히 많은 단위를 사용한다.

분수의 한계를 극복한 수는 없을까? ●

'$\frac{123456}{345678} + \frac{102049470}{285054386}$' 문제에서 보듯이 통분이란 작업은 때로 무척 힘들어. 계산하다가 연필을 던져버리고 싶을 때도 많아. 게다가 통분은 분수의 문제점을 해결하기보다는 완화시켜준 별도의 도구에 불과해. 분수의 한계를 극복한 수 체계는 아니란 얘기지. 만약 그런 수가 있다면 통분이란 지루한 과정을 거치지 않아도 되잖아. 그런 수는 없을까? 이것이 내 질문이었어.

난 군에서 회계 책임자였어. 당시 벨기에는 스페인의 지배에서 벗어나려고 전쟁이 한창이었는데, 이 독립군은 돈을 벌기 위해 온 용병들로 구성되어 있었지. 난 그들의 급료를 지불하는 계산을 해야만 했어. 그런데 이자 계산이 아주 골치 아팠어. 그 당시 이자는 모두 단위분수로 나타내는 관습이 있었는데, $\frac{1}{11}$이니 $\frac{1}{12}$과 같이 단위가 다른 경우가 많았지. 그러다 보니 계산 때문에 어려움이 많았어. 보다 좋은 방법이 없을까 고민했지. 그러다 어느 날 해결책을 찾아냈어.

나를 골치 아프게 했던 문제점은 분모가 달랐기 때문에 발생한 거야. 그런데 분수는 동일한 크기도 여러 분수로 표현이 가능하잖아. 그걸 이용해야겠다고 생각했어. $\frac{1}{11}$은 $\frac{9}{99}$와 같아. $\frac{1}{12}$은 $\frac{8}{96}$과 같고. 여기서 약간의 오차를 허용해준다면 $\frac{1}{11}$은 $\frac{9}{100}$로, $\frac{1}{12}$은 $\frac{8}{100}$로 쓸 수 있어. 그렇게 하자 계산이 아주 수월해지더군.

난 이러한 성과를 기반으로 1585년에 책을 한 권 출판했어. 그 제목이 바로 『소수(小數, decimal)』야. 이 책은 현대적 의미의 소수를 사람들에게 소개하고 널리 알리는 역할을 톡톡히 했지.

10진분수를 기준으로 소수를 만들다.

내 아이디어는 간단했어. 분수에서는 단위를 맞추는 것만이 유일한 해결책이야. 그래서 난 분수의 여러 단위들 중 하나를 대표적인 단위로 선택해 모든 분수를 그 분수로 나타내기로 한 거야. 어떤 단위를 사용하는 것이 좋을까? 정수의 세계에선 이미 10진법이 사용되었어. 따라서 분수에서도 10의 배수를 분모로 하는 10진분수를 사용하면 좋겠다는 게 내 결론이었지.

여기 $\frac{1}{2}$, $\frac{13}{25}$, $\frac{19}{40}$라는 세 분수가 있어. 이 세 수는 분모를 200으로 맞출 수도 있어. 하지만 난 이 분수들을 10진분수로 표현했지. $\frac{1}{2}$을 $\frac{5}{10}$, $\frac{13}{25}$을 $\frac{52}{100}$, $\frac{19}{40}$를 $\frac{475}{1000}$로 바꿨어.

그런데 이런 식으로 고치고 나자 또 불편한 점이 생기더군. 모든 분수를 10진분수로 고치자 수가 커질 뿐만 아니라 비교하기가 힘들어지더라고. 그래서 또 생각을 했어. 좀더 쉬운 표기 방식이 없을까? 그러다 이 문제에 대한 해결책도 찾아냈지.

어느 십진분수가 큰가를 알기 위해서는 분자뿐만 아니라 분모도 봐야 해. $\frac{52}{100}$와 $\frac{475}{1000}$를 봐. 분자만 본다면 475가 더 크지만 실제 크기는 $\frac{52}{100}$가 더 크잖아. 분모 때문이야. 정확한 비교를 위해서는 분모의 자리 수보다 하나 작은 자리의 수부터 비교를 해봐야 해. $\frac{52}{100}$의 분자 5와 $\frac{475}{1000}$의 4를 먼저 비교하고, 그다음은 2와 7을 비교해가는 거야. 그래서 난 이런 의미를 담아 다음과 같이 표기하기로 했어.

$$\frac{4 \quad 7 \quad 5}{1 \quad 0 \quad 0 \quad 0}$$

⇩

에서, 〈원형극한IV(천국과 지옥)〉 1960년

박쥐 또는 천사가 중심으로부터 멀어져가면서 일정한 비율로 크기가 작아지고 있다. 원둘레에서 중심
으로 가까워지면 반대로 커진다. 이러한 과정은 얼마든지 무한히 반복될 수 있다. (10진)소수는 진법
이란 규칙을 자연수뿐만 아니라 1보다 작은 영역까지 확대한 것이다. 10배씩 계속 커져가거나 10배씩
계속 작아진다.

$$\overset{\textcircled{1}\;\textcircled{2}\;\textcircled{3}}{4\textcircled{1}\;7\textcircled{2}\;5\textcircled{3}}\quad \text{또는}\quad 4\;7\;5$$

여기서 ①은 분자 중에서 분모에 비해 한 자리 작은 자리의 수를 뜻해. ②는 두 자리 작은 자리의 수, ③은 세 자리 작은 자리의 수를 뜻하고. 즉 ①은 $\frac{1}{10}$의 자리의 수, ②는 $\frac{1}{100}$의 자리의 수, ③은 $\frac{1}{1000}$의 자리의 수를 나타내. 이렇게 하자 표기도 쉽고 크기 비교나 계산도 훨씬 쉬워졌지. 내 표기법은 나중에 0.475와 같이 소수점을 이용한 방식으로 바뀌었어. 소수의 편리함을 맛본 이후 난 틈날 때마다 소수를 사용하자고 강조했어.

소수는 크게 두 가지의 과정으로 구성돼. 모든 분수들을 '대표적 단위의 분수'로 나타내는 과정과 그 분수를 보기 좋게 바꿔 쓰는 과정으로 말야. 여기서 소수의 중심 아이디어는 첫 번째 과정이야. 이 과정은 진법의 문제와 밀접하게 연결되어 있어. 따라서 소수란 10진소수, 20진소수 등과 같이 진법과 결부되어 표현되는 게 옳아. 하지만 10진소수가 일반적이어서 소수하면 거의 10진소수를 뜻하지.

$$0.475 = 0.4 + 0.07 + 0.005$$
$$= \frac{4}{10} + \frac{7}{100} + \frac{5}{1000}$$
$$= \frac{1}{10} \times 4 + \frac{1}{100} \times 7 + \frac{1}{1000} \times 5$$

소수는 이렇듯 자연수와 분수의 장점만을 결합시킨 수라고 할 수 있어. 작은 양도 표현할 수 있지! 단위를 맞췄기에 계산도 편리하지! 소수란 이렇게 좋은 것이야. 내가 그걸 고안했다고. 이쯤에서 박수라도 쳐줘야 하는 거 아냐?

소수의 옛 흔적을 말하다 ●

부르바키 스테빈! 당신이 지금 소수의 고안자라고 떠벌리는 건 아니 겠지. 당신 이야기만 들으면 소수가 당신에 의해 만들어진 근대의 산물 이라고 생각할 것 같군. 하지만 그렇지 않잖아. 고대 문명에서도 소수 의 흔적을 찾아볼 수 있어.

고대 중국인들은 일찍부터 10진소수를 쓰려는 경향이 있었어. 할, 푼, 리, 모라고 들어봤나? 할은 $\frac{1}{10}$, 푼은 $\frac{1}{100}$, 리는 $\frac{1}{1000}$, 모는 $\frac{1}{10000}$ 을 뜻하지. 소수와 아주 유사해.

고대 메소포타미아인들도 소수를 사용했어. 그들은 위치적 기수법 을 1보다 작은 양에 대해서도 그대로 적용했지. 그들은 60진소수를 사 용한 셈이야. 점토판 YBC7289의 복원도에서 그걸 잘 확인할 수 있지.

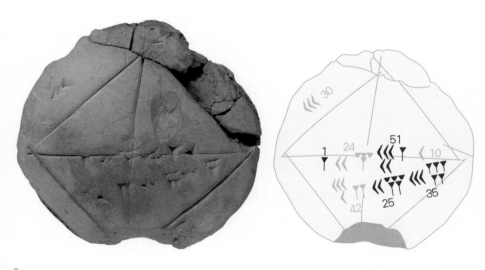

점토판 YBC7289

이 점토판은 길이가 30인 정사각형의 대각선 길이를 구하고 있어. 대각선의 수 1;24,51,10은 60진소수야. 따라서 그 값은 다음과 같지.

$$1;24,51,10 = 1 + \frac{24}{60} + \frac{51}{60^2} + \frac{10}{60^3}$$
$$= 1.41421297$$

이 값은 실제 값과 0.000008의 오차만 보일 뿐이야. 놀랍지?

메소포타미아의 60진소수는 그리스 이래 다른 분수들과 함께 사용되었어. 그러다가 이슬람 문명을 거치고 서양의 중세와 근대를 거치는 과정에서 10진소수에 대한 필요성이 제기되었지. 스테빈이 그런 사람 중 하나였어. 그와 동시대인인 프랑수아 비에트 역시 1579년의 『수학요람』이란 저술에서 다음과 같이 주장했어.

"수학에서 60진소수와 60진법은 이따금씩 쓰거나 아예 쓰지 말아야 한다. 그 대신 $\frac{1}{1000}$과 1000, $\frac{1}{100}$과 100, $\frac{1}{10}$과 10처럼 10의 거듭제곱의 배수를 더 자주 쓰거나 아니면 아예 이것들만 써야 한다."

당시에 여러 분수들이 사용되고 있었다는 걸 알 수 있지. 그로 인해 불편함도 많이 겪었고 말이야. 그래서 10진소수의 사용은 거스를 수 없는 대세였어. 소수점의 사용은 소수의 표기를 더욱 쉽게 해주었지. 소수점은 1593년에 예수회 출신 수학자인 크리스토퍼 클라비우스에 의해 처음 사용되었지만, 널리 사용된 건 20세기 이후였어.

1. $\dfrac{2}{13}$ 를 이집트인들처럼 서로 다른 단위분수들의 합으로 나타내보세요.

2. $\dfrac{2}{3}$, $\dfrac{5}{7}$, $\dfrac{11}{14}$ 을 각각 다른 단위의 분수로 나타내보세요. 그리고 세 분수를 같은 단위의 분수로도 나타내보세요.

3. $\dfrac{1}{6}$, 0.25를 12진소수, 60진소수로 나타내보세요.

4. 진분수, 가분수, 대분수의 한자와 영어를 찾아보고, 각 용어의 정확한 뜻을 알아보세요.

14

분수와
소수에 대해
토론하다

자연수, 관계 파악이 쉽다 ●

모모 자연수는 참 쉬워서 좋아요. 그래서 실생활에서 많이 사용하게
되죠. 집주소, 현재 시각, 인원 등을 나타낼 때 자연수를 이용하죠. 그
런데 분수나 소수는 그렇게 셀 수 없어서 어려워요.

유클리드 그래. 자연수는 실생활에서 매우 유용하다네. 게다가 아주
쉽지. 자연수가 이처럼 쉬운 이유를 스테빈은 잘 설명해주었네. 단위
가 '1' 하나밖에 없기 때문이라는 거야.

자연수가 실생활에 유용한 다른 이유는 관계 파악이 쉽기 때문이라
네. 5는 5일뿐이네. 하나의 대상에는 오직 하나의 수만 대응하지. 하지

만 분수에서는 여러 개의 표현이 가능해. 그래서 자연수는 헷갈릴 염려가 없어.

그리고 5 하면 우리는 5의 전후를 알 수 있네. 5 직전의 수는 4이고, 5 직후의 수는 6이지. 이렇게 전후의 관계를 알 수 있기에 자연수는 순서를 나타내는 데에도 사용될 수 있네. 공장에서 만든 제품에 자연수로 번호를 매기면 몇 개를 만들었는지, 어떤 순서대로 만들었는지 알 수 있지.

이렇듯 자연수는 크기뿐만 아니라 순서도 나타낼 수 있네. 그래서 크기를 나타내는 수를 기수(其數), 순서를 나타내는 수를 서수(序數)라고 하지. 서수의 기능은 자연수만이 갖고 있는 고유한 기능이라네.

12라는 자연수는 1이 12번 반복되어 만들어진 수네. 그와 같이 모든 자연수는 1이라는 단위의 반복으로 설명 가능하네. 그래서 고대 그리스인들은 1을 수로 여기지 않았다네. 우리는 1을 모든 수를 생산해내는 '수의 부모'로 간주했지.

1은 존재하는 양이네. 이 1이 기본 단위라는 사실은 자연수가 존재하는 양을 다룬다는 것을 말해준다네. 존재하는 양은 세거나 만지거나 측정 가능해. 고로 자연수는 자연의 존재하는 양을 표현하는 데 아주 적합하지.

자연수로 세상을 읽다 ●

관계 파악이 쉬운 자연수를 고대인들은 일상 생활의 영역에서만 사용한 게 아니었네. 우주와 세상을 설명할 수 있는 철학적 도구로도 사용했지. 세상을 자연수로 치환한 후 자연수의 관계를 이용해 세상의 관계를 파악한 게야. 특히 수에 상징적인 의미를 부여했지. 각 민족의 신화에는 그런 상징들이 담겨 있다네. 한국인의 단군신화를 잠간 보세.

옛날에 하늘의 왕인 환인에게 환웅이라는 아들이 있었다. 환웅은 늘 하늘 아래 세상에 뜻을 두고 인간세계를 탐구하였다. 아들의 뜻을 알고 환인은 환웅에게 천부인(天符印) 3개를 주며 태백산으로 가 세상을 다스리도록 하였다. 환웅은 풍백(風伯), 우사(雨師), 운사(雲師)를 비롯한 3000명의 수하를 이끌고 내려와 곡식, 목숨, 질병, 징벌, 선함, 악함 등 360가지 일을 맡아 인간세계를 다스렸다.
　　그러자 곰과 호랑이 한 마리가 찾아와 인간이 되게 해달라고 늘 간청해왔다. 환웅은 이들에게 신령한 쑥 1자루와 마늘 20쪽을 주며 이것만 먹고 100일간 햇빛을 보지 않으면 사람이 될 수 있다고 하였다. 곰은 인내하고 근신하여 삼칠일(21일) 만에 인간 여자로 변하였으나 호랑이는 참지 못하고 뛰쳐나가 사람이 되지 못했다. 웅녀는 환웅과 결혼하여 단군왕검을 낳게 된다.

이 이야기에는 수가 많이 등장하네. 3, 6, 3000, 100, 21. 이 수들이 사용된 게 우연일까? 그렇지 않다네. 사실 이 수들은 이 이야기를 만들었던 사람들의 의미 체계 내에서 신중하게 선택된 것들이라네. 그런데 3의 배수가 유난히 많지? 6, 3000, 21 모두 3의 배수네. 3은 고대에 매우 중요한 의미를 지닌 수였다네.
　3은 일반적으로 조화와 균형, 신성, 완전 등을 상징했다네. 따라서 어떤 대상 전체를 몇 개의 부분으로 나눌 때 세 개로 나누는 경우가 많

다비드, 〈호라티우스 형제의 맹세〉, 1784년

았지. 아리스토텔레스는 "전체에는 시작과 중간과 끝이 있다"라고 했어. 아침 · 점심 · 저녁, 영 · 혼 · 육, 상 · 중 · 하 등도 비슷한 예이지.

기독교의 삼위일체와 같은 교리에서 3은 완전이나 신성을 상징하네. 플라톤도 우주의 모든 것들이 삼각형을 기본으로 하여 만들어졌다고 했지. 그래서인지 이야기에는 주인공이나 형제가 세 명인 경우가 많다네. 호라티우스 삼형제, 삼국지의 삼형제, 아기돼지 삼형제…….

그런데 이런 3의 상징성은 어디서 유래한 것일까? 뭔가 근거가 있지 않겠나? 3은 수들의 부모인 1과 2를 통하여 나온 최초의 수라네. 1과 2는 하늘과 땅, 선과 악, 빛과 어둠을 나타내지. 그 모든 것들을 더한 것이므로 3은 전체이며, 조화요, 완전한 것이 되네. 게다가 3은 자기보다 작은 수를 모두 더한 것이 자기 자신과 같은 유일한 수라네. 즉, 3=

1＋2이지. 그리고 3의 배수는 기본적으로 3의 특성과 상징을 모두 담고 있는 것으로 본다네. 신화에서 3이나 3의 배수가 반복적으로 사용되는 이유를 알겠지?

수의 상징적인 의미는 그 수의 특성 또는 다른 수들과의 관계를 고려하고 있다네. 하지만 지역에 따라 수의 상징적인 의미는 조금씩 달라지지. 그래도 수를 단순히 양으로만 보는 게 아니라 상징적인 의미로 보는 것은 거의 공통적일세.

피타고라스 학파에서 부여한 수의 의미를 간략하게 이야기해보겠네. 그들은 1은 수의 근원이면서 이성의 수, 2는 맨 처음의 짝수 또는 여성수이면서 의견의 수, 3은 맨 처음의 남성수이고 단일성과 다양성으로 구성되어 있는 조화의 수, 4는 정의 또는 응보의 수이고 2의 제곱을 나타낸다고 하였다네. 또 5는 맨 처음의 남성수와 여성수가 결합한 결혼의 수, 6은 창조의 수이지. 가장 신성한 수는 10, 곧 네 수(1, 2, 3, 4)의 합이었는데, 이는 생각할 수 있는 모든 기하학적 차원을 더한 값으로서 우주의 수로 여겨졌다네. 한 점은 차원의 생성이고, 두 점은 1차원의 직선을 결정하고, 한 직선 위에 있지 않은 세 점은 넓이를 갖는 2차원의 삼각형을 결정하고, 네 점은 넓이를 갖는 3차원의 사면체를 결정한다고 봤다네.

자연수로 원자를 떠올리다 ●

철학에서도 자연수적인 사유가 있었다는 사실 알고 있나? 자연수적 사유의 대표적인 예가 원자론일세. 철학적 입장에서 원자론은 기원전

5세기에 레우키포스와 그의 제자인 데모크리토스에 의해서 제시되었네. 그들에 따르면, 모든 사물은 원자라는 단위로 구성되었네. 원자는 크기나 형태 면에서 더 이상 쪼갤 수 없을 만큼 작고 무한하며, 보이지도 않고 영원하지. 이 원자의 결합에 의해서 운동과 변화가 발생하며 모든 사물이 만들어지게 된다더군. 철학적 사유로 제시된 이 원자론은 2000년이 지난 18~19세기 존 돌턴에 의해서 과학의 한 이론으로 부활하게 되었다더군.

원자론의 핵심은 뭘까? 그건 최소한의 단위가 있다는 것일세. 모든 사물은 이 단위의 결합에 의해서 설명 가능하다는 것이고. 1이라는 단위와 1의 결합에 의해서 생성되는 자연수와 비슷하지. 1은 원자가 되고, 1 외의 수는 1의 결합에 의해 생성된 만물이 되는 셈일세. 원자론을 제시한 철학자들의 사유에서 뭔가 수학적 사고의 냄새가 나지 않나?

데모크리토스(기원전 460~370)는 원자론 하면 떠오르는 대표 인물이네. 그가 어떤 인물이었는지 조금 더 알아볼까? 수학과 관련하여 그보다 먼저 활동했던 중요한 인물로는 논증적·철학적 수학의 창시자로 여겨지는 탈레스나 피타고라스가 있네. 이 두 사람에 의해 수학은 철학과 밀접한 관련을 맺게 되었지. 이후 수학은 그리스 전역으로 퍼지게 되었네. 데모크리토스는 이 시기에 활동했던 인물일세. 그가 수학에 대한 이해를 갖고 있었을 것이란 추측이 가능하지. 실제로 그는 당대에 기하학자로도 유명했네. 그는 다음과 같은 수학 책을 썼다네. 『수에 대하여(On Numbers)』, 『기하학에 대하여(On Geometry)』, 『접촉에 대하여(On Tangencies)』, 『사상에 대하여(On Mappings)』, 『무리량에 대하여(On Irrationals)』. 하지만 남아 있는 것은 하나도 없지. 책을 쓸 정도

였으니 그가 수학에 상당한 조예가 있었음은 확실하지?

그리스인들은 0이 없는 자연수를 기본으로 하는 수 체계를 갖고 있었네. 피타고라스 학파는 수를 점으로 표현함으로써 수와 기하학을 밀접하게 관련시켜 생각하기 시작했지. 그들은 이미 점을 기하학의 출발점으로 보는 관점을 지니고 있었어. 도형이란 점의 결합에 의해서 생성된 결과물인 것이지. 이것은 기하학적 원자론일세. 여기로부터 물질의 원자론으로 나아가는 것은 그리 어려워 보이지 않네. 그래서인지 데모크리토스의 학설에 대해 당대의 사람들은 그가 아낙사고라스나 피타고라스를 포함한 다른 학자들을 표절했다고 비난하기도 했다네.

투이아비 : 나 역시 자연수가 좋다. 자연수만으로도 만족한다. 그런데 으음…… 분수와 소수! 양을 보다 정확하게 측정하려 한다. 난 그렇게 신경 쓰며 살고 싶지 않다.

세상의 어떤 크기도 수로 표현할 수 있다 ●

유클리드 : 투이아비, 자넨 이해할 수 없을 걸세. 하지만 엄밀함, 정확함을 소중하게 생각하며 살아가는 사람들에게는 중요한 문제이지 않겠나? 고대 그리스 사회가 바로 그런 사회였네. 특히 수의 정확함은 피타고라스 학파에겐 무엇보다도 중요한 문제였지.

피타고라스 학파는 기원전 6세기경 피타고라스가 중심이 되어 활동한 집단이네. 유명한 집단이지. 전해 내려오는 이야기에 따르면, 그는 어려서부터 무척 총명했다고 하네. 그는 이오니아, 이집트, 바벨론 지역들을 거치며 다양한 철학과 종교의 영향을 받았지. 최초의 철학자로 일컬어지는 탈레스의 제자가 되어 그에게 가르침을 받았다고도 해. 그는 이탈리아 남부 지역인 크로톤에 정착하여 흥미롭고 독창적인 집단인 피타고라스 학파를 창설했네.

그들에게는 윤회설과 같은 특이한 생활방식이 많았다네. 그렇지만 그들은 영향력 있는 집단으로 성장하여 후대에 많은 영향을 미쳤네. 플라톤도 피타고라스 학파의 영향을 많이 받았지. 이렇게 된 데에는 종교적인 신념이 중요한 역할을 했지.

그들은 영혼이 육체라는 감옥에 갇혀 있는 것으로 보고, 이 영혼을 정화하고 해방시켜야 한다고 생각했네. 그러기 위해서는 채식 위주의 금욕생활을 하면서 감각의 세계를 벗어나 고도의 정신적인 활동, 즉 진리를 추구해야 한다고 했지. 그들의 모든 생활은 진리 추구라는 목적에 가장 적합한 형태로 조직되었어. 회원들은 모든 재산을 헌납하고 규율을 지킬 것을 서약한 후 공동체적인 생활을 해야만 했어. 같이 모여서 공부하고 활동했으니 잘될 수밖에 없었겠지.

철학과 수학은 그들에게 아주 중요한 것이었네. 그것이 영혼을 해방시켜줄 수 있는 좋은 수단이라고 생각했거든. 이것들은 감각의 세계와 무관한 정신적인 작업이었기 때문이야. 그 결과 그들은 종교, 철학, 수학 등을 절묘하게 결합시켜 우주와 세상에 대한 해석체계를 만들어냈다네.

피타고라스 학파는 탈레스를 중심으로 한 자연철학자들의 문제의식을 이어받았다네. 자연철학자들은 이 세상 삼라만상을 구성하고 있는 궁극적인 물질을 찾고자 했지. 물, 불, 공기, 흙이 궁극적인 물질이라고도 했어. 하지만 피타고라스 학파는 보이는 물질 자체가 보이는 세상의 궁극적인 것이 될 수 없다고 생각했다네. 보이는 세계 이전에 보다 궁극적이면서도 보이지 않는 뭔가가 있을 것이라고 생각했지. 그리하여 그들이 세상의 궁극적인 것으로 찾은 것이 바로 '수(數)'였네. 수가 물질과 결합하였을 때 비로소 완전한 존재가 된다는 게야.

그렇다면 피타고라스 학파에게 가장 절실한 게 뭐였을 것 같나? 두말할 것 없이 그건 바로 완전한 수 체계였네. 세상을 충분히 포괄할 수 있는 수가 필요했지. 세상을 수로 치환하여 설명하려 했기에 세상의 모든 것들을 빠짐없이 나타내줄 수가 필요했던 거야. 그래서 그들은 분수에 관심을 가질 수밖에 없었네. 왜냐고? '자연수만으로 모든 길이를 표현할 수 없다'는 걸 그들도 알았거든.

자연수는 1의 크기로 단절된 수일세. 따라서 자연수와 자연수 사이에는 수의 공백이 생기게 되네. 이 공백은 수로 표현될 수 없네. 크기는 존재하지만, 수는 존재하지 않는 셈이지.

그러나 분수는 다르다네. 아무리 좁은 간격이더라도 무수히 많은 분수가 존재해. 그렇다면 이 분수를 통해 자연수의 한계를 말끔히 극복할 수 있을까? 양적인 진리의 공백 상태를 메울 수 있을까? 피타고라스 학파는 그렇다고 확신했네. 그들은 단위가 무한하다는 분수의 특징을 간파하고서 세상의 어떤 기하학적인 크기도 수로 표현할 수 있다고 했지.

그런데 그들은 분수를 비를 이용하여 표현했다네. $\frac{1}{7}$이라고 하기보다는 한 조각과 전체가 1:7이 된다고 표현한 게지. 이렇게 하면 모든 분수를 자유롭게 나타낼 수 있네. $\frac{3}{4}$은 3:4라고 하면 되지. 결국 피타고라스 학파는 이집트에서 단위분수에만 제한적으로 사용되었던 분수를 일반화하여 자유롭게 사용한 셈이네.

분수는 비(比)라는 개념을 통해 피타고라스 학파 철학의 완전한 근거가 되었다네. 분수만 사용하면 어떤 대상이라도 빠짐없이 각각의 존재값을 부여할 수 있다고 했지. 수가 부여된다면 그 존재에 대한 철학적 해석도 가능해졌을 테니 분수가 얼마나 고마웠겠나?

분수에서 원자란 없다 ◉

갈릴레이 | 분수와 소수는 과학에서도 매우 중요한 역할을 했어. 측정을 잘해야 정확한 데이터를 얻을 수 있잖아. 분수와 소수가 이 측정을 완성한 셈이지. 수는 이제 셈의 단계를 거쳐 측정의 단계마저 접수하게 된 거지.

그런데 유클리드! 왜 피타고라스 학파는 보이지 않는 수를 궁극적인 것으로 삼았을까? 혹시 알아? 원자론적인 사유도 그들에겐 매력적이었을 것 같은데. 내가 추측해보건대 그들의 수 때문이 아닌가 싶어. 그들은 분수까지 사용했잖아.

원자론을 분수에 입각해 생각해보면 무슨 말인지 금방 알 수 있어. 자연수에서는 가장 작은 단위가 존재하지만 분수에서는 가장 작은 단위가 존재하지 않아. 분수의 입장에서 본다면 더 이상 쪼개지지 않는 원자란 있을 수가 없어. 수로 생각해본다면 맞는 생각인 것 같아. 피타고라스 학파가 보이는 물질이 궁극적인 것이 될 수 없다고 생각한 데에는 이런 분수에 대한 이해가 깔려 있는 게 아닐까?

그렇다면 물질이란 어떻게 구성된 것일까? 원자와도 같은 최소 단위가 있는 것일까? 분수로 생각해보면 최소란 있을 수 없어. 하지만 분명 물질이라면 뭔가가 모여서 되었을 것 같기는 하고. 참 어렵군.

분수보다는 자연수를 고집했다 ●

우리는 자연수의 불완전함을 보완하기 위한 수로서 분수를 공부했
어. 그렇기 때문에 자연수에서 분수로의 과정이 자연스러웠을 것이라
고 생각할 수도 있어. 그러나 꼭 그렇지도 않아.

자연수는 누가 뭐래도 가장 익숙하고 쉬운 수야. 따라서 1보다 작은
양을 나타내기 위해서 자연수가 아닌 다른 수를 만든다는 것에 상당한
거부감이 있을 수밖에 없어. 새로운 수를 만들기보다 자연수의 범위에
서 해결하고 싶었을 거야. 그래서 등장한 방법은 보다 작은 단위를 만
드는 것이었어. 그러면 자연수만으로도 해결 가능하지. 고대에서 사용
된 단위들을 보면 알 수 있어.

고대 동양의 길이 단위들

푼 = 3.0303mm

치 = 3.0303cm, 1치 = 10푼

자 = 30.3030cm, 1자 = 10치

칸 = 1.8181m, 1칸 = 6자

정 = 109.0909m, 1정 = 60칸

리 = 3.9272km, 1리 = 36정

고대 서양의 길이 단위들

in(inch, 인치) = 2.5399cm

ft(feet, 피트) = 30.48cm, 1ft = 12in

yd(yard, 야드) = 91.44cm, 1yd = 약 3ft

cubit = 약 50cm

단위가 많지만 각각의 단위들 간에 완전한 규칙성이 보이지는 않아.

작은 단위가 필요하면 적절한 것을 골라 사용했기 때문일 거야. 이렇게 하면 모든 길이는 자연수만으로 표시될 수 있어. 하지만 이런 방식은 곧 한계를 드러내지. 단위가 많아지는 것도 문제이고, 단위와 단위들 간의 비교와 호환도 어려워지잖아. 계산도 마찬가지일 테고. 그런 어려움을 겪어가면서 분수를 어쩔 수 없이 사용했던 게 아닐까?

피타고라스 학파가 수를 자연수와 자연수의 비로 보려 했던 것 역시 자연수에 대한 친근감을 보여주는 게 아닐까?

모든 분수가 소수로 바뀌는 것일까? ●

니체 ┃ 자연수나 분수가 이런 식으로 철학적 사유와 연결될 줄은 꿈에도 몰랐어. 수학과 철학이 절묘하게 결합되는군. 물질의 원자에 관한 논쟁은 어떻게 결론이 날까? 궁금한 것 투성이군. 그런데 내게 한 가지 질문이 생겼어. 아무나 대답해봐.

내가 기준이란 것에 상당히 민감한 것 알고 있나? 기준은 길이나 무게 등과 같은 측정의 영역에서만 사용되는 게 아니야. 사회적인 가치나 규범, 행동양식에도 기준은 있게 마련이지. 무엇이 아름다운지, 무엇이 선한지, 무엇이 옳은지에 대한 기준 말이야. 난 기준이 다양해야 한다고 생각해. 자기의 삶을 강화하고 긍정하기 위해서는 자기에게 맞는 기준을 생성하고 창조해야 할 필요가 있어. 하나의 기준은 때로 누군가를 부정하게 만들거든. 그런 맥락에서 난 소수란 것을 생각해봤어.

소수는 분수의 다양성으로 말미암은 문제를 극복하기 위해 만들어졌어. 단위가 다른 모든 분수들을 10진분수로 표현한 것이 소수였어. 그런데 모든 분수가 소수로 바뀌는 것일까? 소수로 전환되는 과정에서 부정되거나 빠지는 분수는 없을까?

단일한 기준의 문제점은 다양성을 포함하지 못한다는 거야. 무시되거나 제외되는 것들이 생긴다는 것이지. 이런 현상이 소수에서도 나타나지 않을까 궁금해지더라고. 그래서 난 여러 분수들을 소수로 바꿔봤지. 그러다가 $\frac{1}{3}$과 부딪친 거야. 난 $\frac{1}{3}$을 10진분수로 바꿔보려고 열심히 노력했었어. 분모를 10, 100, 1000으로 바꾸려 했으나 안 되었어. 더 큰 10의 배수로도 안 되고. 상당히 곤혹스럽던데. $\frac{1}{3}$은 소수로 바뀌는 거야 안 바뀌는 거야? 누가 설명 좀 해봐.

무한으로 소수의 공백을 메우다 ●

부르바키 | 니체가 아주 흥미로운 발견을 했군. 철학적인 사유를 통해서 수학적 이론을 검증해보는 것도 가능하다니! 니체가 궁금해했던 것처럼 소수는 분수의 단점을 완전히 극복한 수라고 할 수 있을까? 따져볼 필요가 충분히 있어. 만약 그렇다면 분수는 더 이상 쓰일 필요가 없겠지.

$\frac{1}{3}$은 소수가 될 수 있을까 없을까? 니체가 발견했던 것처럼 3은 10의 배수가 될 수 없어. $\frac{1}{3}$은 소수가 될 수 없다는 뜻이야. 그런데 이런 분수는 더 있어. $\frac{1}{6}$, $\frac{1}{7}$, $\frac{1}{9}$도 그런 수들이야. 애석하게도 소수가 될 수 없는 분수들이 존재해. 소수에 공백이 존재하는 거지. 진법을 바꾸더라도 상황은 마찬가지야. 그렇다면 어떻게 해야 하는 걸까?

엄밀한 의미에서 이에 대한 해결책은 없어. 그렇다고 그런 분수들을 빼놓을 수도 없지. 소수를 아예 안 쓰거나, 쓰려면 뭔가 수를 내야만 해. 그래서 대안으로 등장한 방법이 근사값을 사용하는 거야. 근사값을 사용하되 오차를 최대한 줄이는 거지. $\frac{1}{3}$이나 $\frac{1}{7}$을 바꿔볼까?

$$\frac{1}{3}=\frac{3}{9}\fallingdotseq\frac{3}{10}=0.3 \qquad\qquad \frac{1}{7}\fallingdotseq\frac{1}{10}=0.1$$

$$\frac{1}{3}=\frac{33}{99}\fallingdotseq\frac{33}{100}=0.33 \qquad\qquad \frac{1}{7}=\frac{14}{98}\fallingdotseq\frac{14}{100}=0.14$$

$$\frac{1}{3}=\frac{333}{999}\fallingdotseq\frac{333}{1000}=0.333 \qquad\qquad \frac{1}{7}=\frac{142}{994}\fallingdotseq\frac{142}{1000}=0.142$$

$$\vdots \qquad\qquad\qquad\qquad\qquad \vdots$$

오차를 최대한 줄이기 위해서는 위의 과정을 무한히 계속 해나가면 돼. 그래서 우리는 $\frac{1}{3}$을 0.3333…으로, $\frac{1}{7}$을 0.142857142857142 857…로 나타내는 거야. 소수의 공백을 메우기 위해서 '무한'이라는 과정이 개입되었어.

그런데 10진분수로 표현되지 않는 분수들의 소수를 보면 일정한 패턴을 발견할 수 있어. 무한히 긴 소수지만 일정한 수들이 반복된다는 거야. $\frac{1}{3}$의 경우는 3이, $\frac{1}{7}$은 142857이 반복돼.

모든 분수를 소수로 고치면 그 형태는 끝이 있는 '유한소수' 아니면 일정한 수들이 무한히 반복되는 '순환소수'가 돼. 그렇다면 어떤 분수가 유한소수가 되며, 어떤 분수가 순환소수가 되는 걸까? 이 질문은 어떤 분수가 10진분수가 되고, 어떤 분수가 10진분수가 안 되는지를 알아내는 것과 같아.

10진분수로 표현이 되는 분수라! 그건 간단해. 분모에 어떤 수를 곱해서 10의 배수가 될 수 있다면 그 분수는 10진분수가 돼. 10은 2×5

이므로 10의 배수들 역시 2×5의 거듭제곱이 돼. 따라서 2와 5의 곱만으로 표현되는 분모는 2와 5를 적절하게 곱해줌으로써 10의 배수를 만들 수 있게 돼.

$$\frac{1}{2} = \frac{1 \times 5}{2 \times 5} = \frac{5}{10} = 0.5$$

$$\frac{1}{20} = \frac{1}{2^2 \times 5} = \frac{1 \times 5}{2^2 \times 5 \times 5} = \frac{1 \times 5}{2^2 \times 5^2} = \frac{5}{100} = 0.05$$

$$\frac{1}{125} = \frac{1}{5^3} = \frac{1 \times 2^3}{5^3 \times 2^3} = \frac{8}{1000} = 0.008$$

12진소수라면 어떻게 될까? 12는 $2^2 \times 3$이므로 분모가 2와 3의 곱으로만 이뤄져야 유한소수가 될 수 있어. 60진소수에서는 60이 $2^2 \times 3 \times 5$이므로 분모가 2, 3, 5의 곱으로만 표현되는 분수가 유한소수가 될 수 있지. 결국 유한소수는 진법과 관련이 있어.

그렇다면 10진법, 12진법, 60진법 중에서 유한소수의 개수가 가장 많은 것은 어떤 것일까? 그건 60진법이야. 왜냐하면 60진법에서는 2, 3, 5의 곱으로 이뤄진 모든 분모들이 유한소수가 될 수 있기 때문이지. 유한소수만 고려한다면 60진법을 쓰는 게 더 현명한 거지.

소수화의 전략을 알아차리다 ●

니체 | 뭐야 이거! 결국 $\frac{1}{3}$은 소수가 될 수 없는데, 소수 행세를 하고 있었다는 거잖아. 그리고 난 그것도 모르고 있었고. 은근히 열 받네.

어쨌건 무한의 개입으로 모든 분수는 결국 소수가 돼버렸어. 안 된다

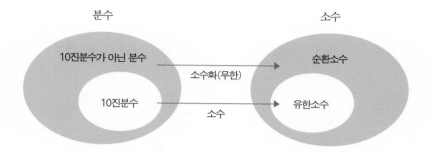

싶으면 꼭 무한이 들어가는군. 소수가 될 수 없는 분수들을 소수가 되게 하는 소수화의 전략이 은밀하게 작동하고 있었어. 소수를 사용하고픈 의지가 그런 전략을 만들어낸 거야. 크기 비교와 계산이 용이하다는 점이 소수의 큰 매력이잖아. 그렇게 본다면 소수가 대중화되었다는 것은 역으로 사회가 크기 비교라는 수의 기능을 절실하게 필요로 했다는 것을 보여주는 거야. 비교하고 비교하고, 계산하고 계산하고…….

그런데 어느 게 맞는 거야? $\frac{1}{3}=0.33333\cdots$ 또는 $\frac{1}{3}\fallingdotseq0.33333\cdots$ 중에서. 아무리 무한과정을 통해 오차를 줄였다고 하더라도 근사값이란 점은 변함이 없잖아. 그렇다면 $\frac{1}{3}=0.33333\cdots$이 아니라 $\frac{1}{3}\fallingdotseq0.33333\cdots$이라고 해야 하는 것 아냐?

분수의 여백을 말하다 ●

부르바키 그것은 무한과정을 어떻게 바라보느냐에 따라 달라지는 거야. 무한과정을 반복하면 오차는 무한정 줄어들어. 결국 오차는 거의 없어지게 되지. 따라서 $\frac{1}{3}=0.33333\cdots$이라고 할 수 있어. 하지만 오차가 아무리 줄어든다고 해도 오차는 존재하기에 $\frac{1}{3} \fallingdotseq 0.33333\cdots$이라고 할 수도 있어.

우리는 대부분 $\frac{1}{3} = 0.33333\cdots$이라고 알고 있네. 하지만 소수에는 무한과정과 무한과정에 대한 해석의 문제가 숨어 있다는 것을 기억해야 해. 재미있는 점은 고대인들은 $\frac{1}{3} \fallingdotseq 0.33333\cdots$이라고 생각한 반면 근대 이후의 사람들은 $\frac{1}{3} = 0.33333\cdots$이라고 생각했다는 거야. 무한에 대한 해석에 변화가 있었다는 것을 짐작할 수 있겠지?

유클리드 어떻게 $\frac{1}{3} = 0.33333\cdots$이 되었단 말인가? 상상도 안 되는 이야기일세. 나 역시 알고 싶은 게 있네. 어떤 크기든 분수로 표현될 수 있다는 피타고라스 학파의 믿음에 관한 것이네. 사실 그런 믿음에 문제가 있다는 것이 곧 밝혀졌다네. 그래서 그리스 수학계는 발칵 뒤집혔지. 그러나 문제점은 발견되었지만, 어떻게 해결해야 할지를 몰랐다네.

갈릴레이 나도 그에 대해서는 알고 있지. 우리들도 분수의 한계를 벗어난 수의 존재에 대해 알고 있었어. 하지만 어떻게 이해해야 할지는 역시 모르겠더군. 너무 애매모호한 게 많았어. 분수에 대해서 공부한 이상 이제 그 문제를 그냥 피하고 갈 수는 없겠는데. 한번 다뤄보는 게 어때?

모모 무슨 말씀이신지 모르겠어요. 모든 길이를 분수로 나타낼 수 있다는 말이 틀렸다는 거예요? 무한히 작은 단위를 택하면 어떤 길이든 잴 수 있지 않나요?

유클리드 그렇지. 직관적으로는 그렇게 생각될 걸세. 그러나 신기하게도 그렇지 않다는 게 밝혀졌어. 그럼 그에 대한 공부를 해보세. 강의해줄 좋은 사람을 내가 알고 있네.

1. 여러 신화에서 공통적으로 많이 나타나는 수를 찾아 이야기해보세요.

2. 분수와 소수의 공통점, 차이점에 대해서 정리해보세요.

3. $\frac{1}{3}=0.33333\cdots$과 $\frac{1}{3}\fallingdotseq0.33333\cdots$ 중에서 어느 것이 적절하다고 생각하나요?

4. 분자가 1인 분수가 $\frac{1}{2}$부터 $\frac{1}{100}$까지 있습니다. 각 분수를 10진소수, 12진소수, 60진소수로 고칠 때 유한소수의 개수를 각각 구해보세요.

15

분수의 여집합을
죽음으로 말하다

(이탈리아의 크로톤 섬 해안, 한 남자가 바다를 물끄러미 바라보며 말한다.)

"난 안 가. 나를 어디로 데려가려고 그러는 거야! 나를 가만 놔두란 말이야!"

"히파소스! 너를 데려가는 게 아니라 모시고 가려는 거야. 바다 건너편 마을에서 오늘 수학 강연을 해달라고 요청했대. 그런데 선생님께서 직접 가실 수 없나봐. 그래서 우리 중에서 수학에 특별한 재능이 있는 너를 대신 보내라고 하셨어. 여기 봐, 너를 대신 보낸다는 선생님 편지야!"

"그런데 오늘은 날씨가 좋지 않아. 이런 날 배를 타고 간다는 건 너무 위험해. 이렇게 궂은 날 굳이 위험을 감수하고 배를 탈 필요는 없잖아."

"걱정도 많구나. 그 마을은 배로 조금만 나가면 돼. 게다가 우리에겐 이곳 바다에서 수십 년 동안 배를 탄, 경험 있는 동료들이 많다고. 문제될 게 전혀 없어. 늦기 전에 출발하자."

꺼림칙한 기분이긴 했지만 대여섯 명의 동료들이 완강하게 재촉하자 히파소스는 어쩔 수 없다고 생각했어요. 그는 이 모습을 지켜보고 있던 나에게 강한 의문의 눈빛을 던졌지요.

'같이 가도 괜찮겠지. 친구야.'

그와 눈빛이 마주친 나는 아무 말도 할 수가 없었죠. 비 오는 날 배를 타고 강연을 다녀온다는 것이 의심스럽기는 했어요. 히파소스와 각별한 우정을 나눴던 나이지만 공동체의 일은 모든 것에 우선되어야 한다는 규율을 거스를 수는 없었죠. 아무 일 없기를 간절히 바라며, 히파소스를 그렇게 보내야만 했어요.

아무 일 없었던 것처럼 ●

다음 날 강의를 하시는 피타고라스 선생님의 모습 뒤로 어제의 히파소스 모습이 자꾸 떠올랐어요. 선생님의 가슴에서는 황금비로 가득 찬 정오각형 모양의 아름다운 뺏지가 반짝이고 있었죠. 전날 그렇게 비바람이 몰아치더니 더할 나위 없이 맑고 투명한 날씨였어요. 어제 아무 일도 없었던 것처럼. 아침의 고요한 햇살을 받으며, 그는 우리가 어떤 사람이 되어야 하는가에 대해 특유의 정제된 언어와 부드러운 몸짓으로 이야기를 하셨어요.

"여러분들은 이곳에 무엇을 하러 왔습니까? 사람들은 원하는 것을

얻을 수 있는 곳을 찾아 다닙니다. 재물을
구하는 이는 시장에 가서 장사하는 요령을
배웁니다. 권력과 권세를 구하는 이는 광장
에 가서 사람들과 논쟁하며 사람들을 조정
할 수 있는 기술을 배웁니다. 명예를 구하
는 이는 올림픽에 나가기 위해 몸을 단련하
며 몸을 극복하는 법을 배웁니다. 그러나
가장 현명한 이들은 무엇을 구할까요? 바
로 지혜를 구합니다. 바로 여러분이 이곳에

J. 어거스트 크나프,
〈크로톤 섬의 피타고라스〉,
1928년

모인 이유입니다. 여러분은 지혜를 사랑하는 자, 곧 철학자가 되어야
합니다. 철학자는 삶 자체의 의미와 목적을 탐구하는 자입니다. 철학
자가 되기 위해서는 육체의 유혹을 이기며, 절제와 순종을 통하여 영혼
의 힘을 키워야 합니다."

　절제와 순종의 덕목을 이야기하면서 그는 주먹을 힘껏 쥐었죠. 그 말
을 듣고 있던 청중들은 고개를 끄덕이며 눈을 감고 명상에 잠겼어요.
수백 명의 청중이 마치 한 사람인 것처럼 조용했어요. 그들은 공동체의
규율을 지키며 진리 탐구를 게을리하지 않겠다고 다짐했죠. 내가 늘 그
랬던 것처럼.

'히파소스는 어디 있지?' ◉

　나는 히파소스의 모습을 찾아보았어요. 하지만 아무리 둘러보아도
그를 찾을 수 없었어요. 떠날 때 머뭇거리던 히파소스의 모습이 점점

더 떠올랐어요. 그는 분명 없었어요.

'어쩜 모두가 이렇게 아무 일 없듯이 행동할 수 있을까? 이들은 히파소스가 없다는 것을 알고나 있는 것일까?'

이렇게 생각했지만 부질없는 짓임을 깨닫고 나는 고개를 설레설레 흔들었어요. 왜냐하면 우리는 최대한 말을 아끼거든요. 철학자가 되기 위해서는 말을 아껴야 한다는 것이 규율이었죠. 그래서 우리는 사소한 일에 대한 언급이나 농담, 유머 등도 금했어요. 말해서는 안 되는 몇 가지 사항도 정해져 있었어요. 따라서 전날의 일에 대해서 다른 동료들에게 꼬치꼬치 묻는다는 것은 위험천만한 일일 수 있었죠. 아침 명상과 선생님의 강연을 듣고도 마음은 혼란스럽기만 했죠.

히파소스와 나는 공동체의 초창기부터 함께 해온 동료였어요. 진리를 향한 열정은 강했지만 수학에 약했던 나는 히파소스를 무척 좋아했죠. 그는 누구보다도 수학을 사랑했으며, 그만큼 수학에 특별한 재능을 보였죠. 이런 히파소스를 선생님도 매우 아끼셨어요. 수학은 우리에게 진리로 인도하는 창문과도 같았어요. 고도의 이성적인 활동인 만큼 영혼을 정화하는 데 수학보다 좋은 학문은 없었죠. 따라서 수학을 잘한다는 것은 이 공동체에서 두각을 나타낼 수 있는 좋은 여건을 갖춘 셈이었어요. 그런 그가 늘 부러웠죠.

그런데 그랬던 히파소스가 없어진 것이었어요.

'어디에 있는 것일까?'

'어제 강연은 잘 끝났나?' '혹시 강연에 감동받은 사람들이 히파소스를 하룻밤 더 묵게 한 것은 아닐까?' '아니야. 그럴 리는 없어.'

'혹시 배 타고 가다가 사고가 난 것은 아닐까?'

온갖 의문들이 머릿속에 물결치기 시작했어요. 그러던 중 어제 히파소스와 동행했던 동료와 마주쳤어요.

"안녕, 친구들. 어제 강연은 잘 다녀왔나?"

"그럼 잘 끝났지. 역시 히파소스는 대단했어. 우리들도 그의 강연에 쏙 빠져들었다니까."

"그랬구나. 그런데 히파소스가 오늘 보이질 않아."

"그럴 리 없어. 어제 함께 돌아왔는걸. 피곤해서 늦잠 자고 있는 거 아냐?"

이렇게 말하고 그들은 서둘러 흩어졌어요. 그러나 나는 히파소스가 늦잠을 잘 리가 없다는 것을 누구보다 잘 알고 있었어요. 오랫동안 계속된 공동체생활로 그의 몸은 시계처럼 정확하게 움직일 수 있게 단련되어 있었거든요.

아무리 찾아봐도 히파소스는 보이질 않았어요. 더 화가 난 것은 그의 부재에 대해서 공동체에서 전혀 문제 삼지 않는다는 거예요. 어떤 동료는 히파소스가 공동체가 싫어져서 나간 게 아니냐고 했어요. 그렇게 볼 수도 있었죠. 왜냐하면 최근 히파소스가 공동체에서 상당한 문제를 일으켜 동료들뿐만 아니라 선생님에게 불편한 대접을 받아왔거든요. 선생님은 그를 더 이상 가까이 부르지 않았고, 동료들도 그에게 더 이상 수학에 대해서 질문하지 않았죠. 아니 오히려 그는 공동체에서 점점 투명인간 같은 존재가 되어갔어요. 그것은 모두 피타고라스의 정리 때문이었어요.

피타고라스 정리의 여백을 발견하다 ●

피타고라스의 정리는 우리 공동체에서 일궈낸 가장 빛나는 업적이었어요. 이 정리는 직각삼각형의 세 변의 관계를 증명한 정리죠. 직각삼각형에서 빗변의 길이를 c, 나머지 두 변의 길이를 a, b라고 할 때 $a^2+b^2=c^2$이 돼요.

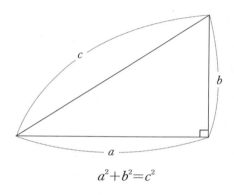

$$a^2+b^2=c^2$$

이 정리의 중요성은 직각삼각형의 세 변의 관계를 알아냈다는 데 있는 게 아니었어요. 사실 이러한 관계는 이미 다른 문명에서도 알려져 있었죠. 바빌론인들은 이 관계를 만족시키는 직각삼각형의 세 변을 뜻하는 피타고라스의 수를 여러 쌍 구해놓기도 했어요.

우리의 위대함은 직각삼각형의 세 변의 관계를 일반화하여 증명했다는 거였어요. 증명을 통해 그럴 수밖에 없는 이유를 보여주었죠. 선생님께서도 매우 자랑스러워하셔서 이 증명을 발견하고 나서 특별한 의식을 치르기까지 했어요. 심지어는 그 내용이 선생님께서 강의하시는 강단 뒤편에 큼지막하게 그려져 있기도 했어요. 비록 선생님의 이름으로 발표되긴 했지만, 이 정리를 발견하는 과정에서 많은 제자들이 도왔어요. 히파소스도 당연히 선생님을 도왔죠. 이 정리는 우리 모두의 자랑이자 자부심이었어요.

이렇게 자랑스러운 피타고라스의 정리가 왜 공동체와 히파소스의 관계를 어긋나게 했을까요? 역설적이지만, 그것은 그 정리에 대한 히파소스의 열렬한 사랑 때문이었어요.

언젠가 히파소스가 밤중에 나를 찾아왔어요. 헝클어진 머리카락을 매만져놓기는 했지만, 그는 긴장하고 있었어요. 그의 손에는 피타고라스 정리를 기록한 양피지가 들려 있었죠.

"히파소스, 밤늦게 웬일이야?"

"응, 물어볼 게 있어서. 난 피타고라스의 정리에 대해 곰곰이 생각을 해봤어. 아무리 봐도 아름답고 완전한 정리야."

"그럼. 누구든 그 정리를 본 사람은 놀라게 되고, 우리 공동체의 힘을 느끼게 되지. 그런데 그 정리는 이미 끝난 것인데, 더 생각할 게 남아 있나?"

"며칠 전 목욕탕에 가서 바닥의 타일을 보았어. 정사각형의 타일이 가지런히 붙어 있더군. 그걸 보면서 피타고라스의 정리를 이용하면 정사각형의 빗변의 길이도 구할 수 있겠다고 생각을 했지. 한 변의 길이를 1로 보고 피타고라스의 정리를 이용하면 빗변 c의 길이는 다음을 만족해야 해."

그는 그림을 그리면서 식을 적어갔어요.

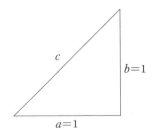

$$a^2 + b^2 = c^2$$
$$1^2 + 1^2 = c^2$$
$$2 = c^2$$

나는 그의 말을 충분히 이해하고 다시 물었죠.

"그렇지. 그런데 뭐 이상한 게 있어?"

"이 식은 피타고라스의 정리를 통해 나왔기에 옳은 식이야. 그럼 너 c의 값이 얼마인지 구해볼래?"

나는 별로 대수롭지 않게 생각하면서 c값을 구해보려고 했어요. 식이 간단해 어려울 것 같지 않았죠. 그런데 아무리 노력해도 제곱해서 2가 되는 수를 찾을 수 없더군요.

'이런 문제 하나 풀지 못하다니. 난 역시 수학은 안 돼.'

난 벌겋게 상기된 채 문제를 풀어보려고 했어요. 나를 본 히파소스는 미안한 듯 잘 자라며 돌아갔죠. 나는 계속 생각해보겠노라고 했어요.

'히파소스는 분명 풀었을 거야. 답이 뭔지 알고 있겠지.'

답이 없다? ●

며칠 후 내가 밤늦게 히파소스를 찾아갔어요. 문제의 답을 알려달라고 부탁했죠.

"미안해. 나도 모르겠어."

그의 대답은 의외였어요. 잠시 동안 정적이 흘렀죠. 그는 몰라서, 나는 놀라서!

"나 역시 쉽게 풀릴 거라고 생각했어. 그런데 문제만 간단했지, 답은 좀처럼 찾아지질 않았지. 그래서 너한테 갔던 거야."

"생각보다 어려운 문제인가 보네. 하다 보니까 제곱해서 2에 근접하는 분수를 몇 개 찾을 수 있었어. $\frac{7}{5}$의 경우 제곱하면 $\frac{49}{25}$가 되지. 2보다 조금 작아. 분수는 단위가 많으니 단위를 더 줄여가면서 찾아보면 답을 찾을 수 있지 않을까?"

"나도 처음엔 너처럼 생각했어. 답은 있는데, 그 수를 못 찾은 것이라고. 그래서 많은 분수들을 대입해 제곱해봤지. 하지만 2에 근접한 수는 찾을 수 있었지만, 딱 2가 되는 수는 없더라고."

"노력 많이 했구나."

"응, 그러다가 답을 못 찾는 게 아니라 답이 없는 건 아닐까 하는 생각을 해보게 되었어."

"그러나 그럴 리가 없지. 왜냐하면 정사각형의 빗변의 길이는 분명 존재해. 그리고 모든 길이는 반드시 수로 표현될 수 있어. 게다가 피타고라스의 정리 또한 완전무결하게 증명된 것이고. 모든 게 맞기 때문에, 답이 없다는 이야기는 말이 안 돼."

"나도 그러길 바랐어. 그래서 선생님께 배운 방법을 사용해보기로 했어. 구체적인 수 하나하나를 대입하는 것이 아니라 일반화된 식을 통해 답을 찾아보는 것이지."

"무슨 말인지 잘 모르겠다. 좀더 자세히 설명해줄래?"

"잘 들어봐. 모든 수는 크게 자연수와 분수로 구분할 수 있어. 따라서 답이 있다면 자연수 아니면 분수여야 해. 그런데 자연수는 답이 될 수가 없어."

"맞아. 가장 작은 자연수인 1은 제곱해서 1이 되고, 다음 자연수인 2는 제곱하면 4가 돼."

"그렇다면 답은 분명 분수 중에서 있을 거야. 그런데 분수는 $\frac{q}{p}$라고 표현될 수 있어. 여기서 p와 q는 더 이상 약분되지 않는 수들이야. 일반화하여 답을 구한다는 것은 이 $\frac{q}{p}$를 c의 자리에 넣어서 답을 찾아본다는 것을 뜻해."

"오, 그런 방법이 있구나. 그래서 어떻게 했어?"

"$(\frac{q}{p})^2 = 2$란 식을 유도하긴 했지만, 역시 답을 알 수는 없었어. 그런데 이 식으로부터 이상한 결론을 도출하게 되었어. 그 결론은 바로 답이 없다는 거야."

"무슨 소리를 하는 거야! 어떻게 그런 결론이 나와?"

"$(\frac{q}{p})^2$은 $\frac{q \times q}{p \times p}$로 다시 쓸 수 있어. 그리고 이 값은 2가 되어야 해. 이 값이 2가 되려면 분자가 분모에 의해서 약분이 되어야만 해. 그런데 p와 q는 더 이상 약분되지 않는 수이기 때문에 $(\frac{q}{p})^2$도 더 이상 약분될 수가 없어. $(\frac{q}{p})^2$도 분수일 뿐이야."

"그렇다면 $\frac{q}{p}$로 표현되는 분수도 답이 될 수 없다는 거네. 자연수나 분수 모두 답이 될 수 없으니 답이 없다!"

"그래. 그런데 분명 빗변의 길이는 존재하기에 수 또한 존재해야만 해."

수 체계가 완전하지 않다 ●

답이 존재해야 한다는 사실만큼이나 답이 없다는 것 또한 분명해 보였어요. 나로서는 어디가 잘못된 것인지 알 수가 없었어요. 히파소스는 스스로의 힘으로 해결할 수 없다고 결론짓고, 공동체의 도움을 받아보기로 했어요. 공동체에는 수학 연구집단이 있었죠. 여기에는 수학을 잘하는 동료뿐만 아니라 선생님도 참여하셨어요. 히파소스는 이 모임에서 함께 토론해보겠다고 했죠.

'과연 선생님께서는 어떻게 그 문제를 해결하셨을까?'

선생님의 답변이 궁금해서 견딜 수가 없었어요. 그래서 다시 히파소스를 찾았죠.

"히파소스, 선생님께서 그 문제를 어떻게 해결해주셨어?"

그는 내 질문에 머뭇거리면서 이야기하려 들지 않았어요. 그러다가 결심한 듯 대답하더군요.

"음…… 난 처음 그 문제에 대한 지금까지의 생각을 발표했어. 모두 잘 경청했지. 하지만 답을 구할 수 없다는 결론에 다다르자 모두 놀라워했어. 나를 포함한 모든 제자들이 선생님의 입에 주목했어. 하지만 선생님마저 아무런 말씀을 못 하셨어. 동료들은 수근거리면서 내 결론을 다시 한 번 검토해보기 시작했어. 결국 선생님께서는 그 문제를 공동체에서 거론하지 말라고 명하셨지."

"그래, 왜 그렇게 말씀하셨지? 모두 함께 생각해보면 문제를 해결할 수 있을 텐데."

"그 문제의 심각성을 간파하셨기 때문이야. 선생님 입장도 충분히 이해가 돼."

"수학 문제 하나가 뭐 그리 대단하다는 거야? 이해가 안 되네. 설명을 좀 해줘, 히파소스!"

"잘 들어. 길이가 1인 정사각형의 빗변의 길이는 분명 존재해. 따라서 답을 구할 수 없다는 결론에 문제가 있을 수밖에 없어. 그렇다면 가능성은 두 가지야. 첫째는 우리 공동체의 자랑이자 상징인 피타고라스의 정리가 잘못되었다는 거야. 둘째는 현재 우리의 수학 실력으로는 답을 구할 수 없다는 것이고. 그런데 어느 쪽이건 그 가능성은 우리 공동체의 기반을 무너뜨릴 수밖에 없어. 너도 알다시피 우리가 힘을 갖게 되면서 우리 공동체를 견제하는 세력들이 생기고 있어. 그 세력들에게 이 문제는 칼보다도 더 무서운 무기가 될 수 있어."

"우리 공동체가 스스로 무너질 수 있다는 거야?"

"응, 그 문제는 수십 년에 걸쳐 구축된 철학적 완전성에 흠집을 내게 돼. 피타고라스의 정리가 잘못되었다는 것은 우리의 사고 방식과 체계 자체에 문제가 있다는 것을 뜻해. 답을 못 구한다는 것 또한 우리의 철학적 기반이 부족하다는 것을 보여주는 셈이고. 모든 만물을 수로 표현할 수 있다는 우리의 기본적 신념은 거짓이 되어버려. 우린 세상의 모든 이치를 완벽하게 파악하지 못하고 있는 거지. 한 가지 덧붙이자면 난 우리의 수 체계가 완전하지 않다는 결론을 내리게 되었어. 자연수와 분수가 아닌 또 다른 수가 있음에 틀림없어. 하지만 어떤 수인지는 모르겠어."

피타고라스 정리의 여백을 없애다 ●

이 모든 모습이 생생하게 떠올랐어요. 히파소스는 과연 강연회에 갔던 것일까? 그리고 공동체가 싫어서 사라진 것일까? 하지만 그는 공동체와 동료들의 태도를 충분히 이해하고 있었어요. 그런 그가 사라질 리는 없죠.

그에 대한 걱정을 안고 걷다가 정원에서 잔가지를 치고 있던 동료들을 우연히 보았어요. 히파소스를 데려갔던 동료도 있더군요. 순간 나는 무서운 상상을 하게 되었어요.

'비바람 속 배를 타고 가던 히파소스를 바다가 삼켜버린 것은 아닐까? 잘려진 저 잔가지처럼 우리 공동체는 히파소스라는 잔가지를 잘라

바다 속으로 던져버린 것은 아닐까?'

히파소스가 무엇을 봤다고 생각하세요? 그는 피타고라스 학파가 본 것 너머의 뭔가를 살짝 엿봤다고 할 수 있어요. 분수라는 수의 전체집합에 분수가 아닌 여집합이 존재한다는 것을 그는 본 것이죠. 하지만 그도 그 뭔가가 무엇인지 알 수 없었어요.

어떤 사람들은 그가 죽임을 당했다고도 하더군요. 그리고 히파소스가 발견한 그 무엇을 사람들은 알로곤(alogon)이라고 불렀어요. 이는 비율이 아니라는 뜻이에요. 알로곤에는 또 다른 뜻이 있었는데, 바로 '말할 수 없다'라는 뜻이죠. 제곱이 2인 수는 비율이 아니기에 알 수 없다는 뜻도 되겠지만, 그러한 사실 자체를 말할 수 없다라는 뜻으로도 해석 가능하죠. 사람들은 이것을 무리수라고 부르더군요.

1. 제곱해서 2에 근접한 분수 c를 찾아보세요.

2. 여러분이 피타고라스였다면 어떤 조치를 취했을까요?

16

무리수에
대해
토론하다

분수의 여백을 무리수라고 하다 ●

부르바키 피타고라스 학파에게 수란 비율로 표현 가능한 것들이었
어. 그러나 제곱해서 2가 되는 수는 절대로 비로 표현될 수 없었어. 그
래서 그들은 이 길이를 비율이 아니라는 뜻의 알로곤이라고 불렀던 거
야. 적절한 표현이지.

알로곤은 영어로 'irrational number'로, 이는 '무리수'란 말로 다
시 번역되었어. 무리수(無理數)! 비이성적인 수라는 뜻이야. 뭔가 이
상하지? 이 말은 'irrational'이란 말을 오역한 거야. '비율이 아닌'의
뜻이 아닌 '비이성적인'이란 뜻으로 이해한 거지. 따라서 정확하게 번

역한다면 무비수(無比數)라고 부르는 게 옳아.

무리수의 등장은 기존의 분수를 다시 정의하게 했어. 분수란 명칭은 수를 만들어내는 과정에 입각하여 부여된 명칭이야. 그런데 이 명칭은 무리수와의 관계를 적절히 보여주지 못해. 분수와 무리수는 분명 전혀 달라. 그러나 뭐가 다른 걸까? 그건 비율로 나타낼 수 있느냐의 여부야. 그에 따라 분수를 유리수로 다시 부르는 거지. 유리수란 말 역시 오역이야. 비율이 있는 수란 뜻의 유비수(有比數)가 정확한 표현이야.

어쨌든 무리수의 존재는 완전하다고 생각했던 분수의 불완전성을 적나라하게 드러냈어. 모든 길이는 결코 분수의 범주에서 표현되지를 않아. 이 점이 피타고라스 학파를 당황하게 만들었지. 그들은 선이 연속하듯 수도 연속해야 하는데, 분수만으로 선의 연속성을 만족시킬 수 있다고 봤어. 그러나 무리수는 그것이 잘못된 생각이었다고 알려줬어. 연속하는 수 체계를 위해서는 분수 이외의 또 다른 수가 필요했던 거야. 그게 바로 무리수였어.

떠돌던 수들이 모습을 드러내다 ●

무리수는 명확하지 않아서 사람들을 혼란스럽게 했어. 무리수의 존재에 대해서는 플라톤의 대화편이나 유클리드의 『원론』에서도 언급되어 있어. 하지만 그리스인들은 수 체계를 수정하지는 않았어. 유리수의 한계를 알면서도 유리수의 체계만으로 수학의 건축물을 구성했던 거야. 대신 그들은 수 중심의 수학을 선분 중심의 수학으로 바꿔버렸어. 한 개의 수가 수학 전체의 판도를 바꾼 셈이지.

에셔, 〈전개 I〉, 1957년

중심부에서 가장자리로 갈수록 사물의 형태는 흐릿해진다. 분명하게 구분되던 사물들의 경계는 모호해지면서 이어져 있다. 중심부가 분수(유리수)의 영역이라면 가장자리는 무리수의 영역이다. 무리수는 연속성의 문제와 관련된다.

근대에 이르러서도 사람들은 무리수 다루기를 망설였어. 그러다가 제곱해서 어떤 수가 되는 값을 뜻하는 기호가 사용되었지. 1525년에 루돌프가 기호 '$\sqrt{\ }$'를 사용했고, 1637년에 데카르트는 이 기호를 개량하여 '$\sqrt{\ }$(root, 루트)'를 사용했어. 그러면서 많은 무리수들이 표기되었지. 유리수의 여집합으로만 여겨지던 수들이 무리수란 집합으로 명시된 거야. '$\sqrt{\ }$'는 이처럼 애매하고 정확하지 않아 떠돌던 수들을 명확하고 분명하게 드러내줬어. 그런데 사실 이 명확한 기호는 명확하지 않은 값들을 나타내고 있어. 좀 웃기지?

무리수는 초기에 대부분 제곱근들이었어. 이런 사실 때문에 제곱근 기호가 들어가면 무리수라고 생각하기 쉽지만 그렇지 않다. $\sqrt{4}$의 경우 분명 제곱근을 뜻하지만 2라는 유리수를 뜻해. 2를 제곱하면 4가 되기 때문이야. 따라서 모든 제곱근이 무리수는 아니지. $\sqrt{4}(=2)$나 $\sqrt{16}(=4)$처럼 어떤 제곱근들은 유리수가 돼.

그렇다면 제곱근이 아닌 무리수도 있을까? 답은 '있다'야. 가장 대표적인 것이 원주율 π지. π는 원의 둘레가 원의 지름의 몇 배인가를 나타내는 것인데, 그 값은 3.141592…야. 이 외에 자연로그를 뜻할 때 사용하는 e도 제곱근이 아닌 무리수야. 하여간 비율로 나타낼 수 없다면 그건 무조건 무리수야.

유리수가 무리수의 여집합이다! ◉

무리수의 정확한 값을 모른다고 그대로 방치할 수는 없어. 수학의 공간에서 무리수는 자주 튀어나와 유리수와 섞이게 돼. 그럴 경우 그 크기를 가늠해야 할 필요가 있어. 모른다고 덮어둔다면 수학을 덮어둘 수밖에 없지. 뭔가 방법을 찾아야만 해.

그 방법이란 무리수를 유리수의 근사값으로 나타내는 거야. 그래서 우린 $\sqrt{2}=1.4142135\cdots$, $\sqrt{3}=1.7320508\cdots$이라고 하지. 소수들의 배열을 보면 무한하다는 점에서는 유리수와 같아. 하지만 반복되는 수가 없다는 점에서 유리수와는 다르지.

단위 면에서는 어떨까? 유리수는 단위가 무엇인지 정확히 알 수 있어. 하지만 무리수는 그 단위를 알 수가 없어. 굳이 단위를 말하려면 무리수 자체가 단위라고 할 수 있겠지. 각각의 무리수가 각각의 단위이되 각 단위의 정확한 값은 모르는 거지. 따라서 서로 다른 무리수라면 단위가 다르다고 봐야 해.

무리수와 유리수의 관계는 명확하지 않았어. 처음엔 무리수가 유리수의 여집합 정도로 여겨졌어. 그런데 19세기 집합론의 대가인 칸토어에 의해 그 관계가 명확하게 규명되었어.

칸토어는 무한에 관한 문제를 다루면서 무리수, 유리수, 실수(實數)의 관계를 밝혔어. 연속으로 이어진 실선을 나타낼 수 있는 수 집합이 실수인데, 칸토어는 유리수만으로는 실선을 나타낼 수 없다는 것을 밝혔지. 그리고 무리수에 의해 실수 집합의 연속성이 완성된다는 것도 보였어. 이건 무리수 때문에 실수는 실수가 될 수 있었다는 걸 뜻해.

인간은 유리수를 먼저 만들고 그 후에 무리수를 발견했기 때문에 유리수를 중심으로 무리수를 바라봤어. 무리수를 여집합 정도로 바라봤던 거야. 하지만 실수의 속성을 놓고 본다면 오히려 무리수가 중심이 되는 게 마땅해. 오히려 유리수가 무리수의 여집합인 셈이지. 재미있지 않아?

인간은 세상의 대부분을 정확하게 이해할 수 없다 ●

니체 칸토어가 그렇게 대단한 일을 했다니! 수학적 인식이 없었다면 아마도 우리는 유리수 중심의 사고방식으로 살아갔겠군. 역시 공부는 하고 볼 일이야. 칸토어는 나와 동시대 인물이었어. 우리 시대는 여러 가지 면에서 혁명의 시기였지. 근대의 사고방식을 뒤집는 주장과 사실들이 쏟아져 나왔어. 나 역시 근대 이후 형성된 서양의 이성 중심의 주체철학을 산산이 부숴줬지. 그런데 무리수는 그러한 흐름을 수학적으로 정확히 보여주고 있군. 무리수가 우리에게 시사하는 바가 참 많아.

인간은 단위를 통해 길이를 측정할 수밖에 없어. 그 단위를 통해 있는 그대로의 길이를 측정하려고 하지. 이 세상에는 분명 우리가 파악할 수 있는 길이도 있네. 하지만 무리수는 우리가 정확히 파악할 수 없는 크기가 존재한다는 것을 보여주고 있어. $\sqrt{2}$의 길이는 정확히 알 수 없지. 어떤 단위를 정하더라도 그 단위로 측정할 수 있는 길이는 이 세상의 일부분에 불과해. 반드시 여집합이 존재하지.

그런데 이 세상은 연속이라는 속성을 지니고 있어. 크기, 시간, 공간 등 모든 것은 연속해. 그리고 연속하는 대상은 실수의 범위에서 표현 가능한데, 이 실수는 무리수에 의해서 완성이 돼. 이 세상의 대부분은 무리수로 이뤄졌다는 얘기지.

그러나 인간은 유리수의 세계만 정확하게 인식할 수 있어. 고로 인간은 세상의 대부분을 정확하게 이해할 수 없어. 인간이 인식 가능한 유리수라는 부분집합은 전체집합에 가깝기는커녕 전체집합에 별 영향을 주지 않는 여집합에 불과하거든. 태산이 높다 하되 하늘 아래 뫼인 게야. 인간 인식의 한계가 단지 길이의 문제에만 국한된 건 아냐. 인간의 인식 전체로 확대해서 해석을 해보겠네.

인식한다는 게 뭘까? 난 인식한다는 게 어떤 대상이나 현상의 의미 또는 성질을 한계 지어주는 거라고 생각해. 우리는 인식의 과정을 통해 나무, 꽃, 사람과 같이 주위의 사물들에 이름을 붙여주지. 봄, 기쁨, 놀람, 아름다움 등과 같이 보이지 않는 것들에도 적절한 이름을 부여해줘. 성공했다고 여겨지는 사람들의 특징은 무엇이고, 공부를 잘하려면 어떻게 해야 하는가에 대한 근거도 찾아내지. 우리의 인식은 유리수와 같이 대상을 끊고 분절하여 한계를 명확하게 규정지어주는 것과 같아. 인식의 세계는 유리수들의 집합인 거야.

하지만 봄과 여름의 경계가 명확하진 않아. 기쁨과 슬픔의 경계 또한 마찬가지이지. 오히려 세상은 모호한 경계 속에서 일어나는 '사건과 현상'의 연속적인 흐름이라고 할 수 있어, 무리수처럼. 그렇게 본다면 실재의 세계는 무리수들의 집합과도 같지. 따라서 우리의 인식은 세상과 합동이라기보다는 세상과 닮은꼴이라고 봐야 해. 왜냐고? 무리수는 정확한 측정은 불가능하고 유리수의 근사값으로만 추측할 수 있기 때문이지.

무지(無知)의 '지(知)'에 다다르다 ●

그렇다고 무리수를 인간 인식에 대한 자부심과 신뢰를 넘어뜨린 걸림돌로 여길 필요는 없어. 보다 긍정적인 해석이 가능하지. 오히려 우리는 무리수를 인간 행보의 디딤돌로 여길 수 있어. 왜냐하면 뭘 모르는지를 알게 되었기 때문이야. 무리수는 '知(지식)의 無(한계)'를 드러낸 것이 아니라 '無(한계)마저도 知(인식)' 하게 되었음을 나타내주는 거야. 무지(無知)의 '지(知)'에 다다른 거지.

무지(無知)의 '지(知)'가 얼마나 높은 수준인지 알지? 소크라테스의 이야기는 그걸 잘 보여주고 있어. 그는 델포이 신탁 때문에 자신이 철학 활동을 시작하게 되었다고 했어. 그 신탁의 내용은 "소크라테스가 가장 지혜로운 사람"이라는 것이었지. 이 말을 듣고 소크라테스는 그럴 리가 없다고 생각했어. 오히려 자신은 아무것도 모르는 사람이라고 생각했거든.

그래서 그는 이 신탁이 정말 맞는지 확인하러 다녔어. 지혜롭다고 알려진 사람들을 찾아다니며 이야기를 나눠본 거야. 이 과정에서 그는 자신이 왜 지혜로운 사람인가를 알게 됐어.

사람들은 자기가 많이 알고 있다고 생각해. 하지만 실제로는 아무것도 몰라. 모르고 있다는 그 사실마저 모르지. 하지만 소크라테스는 자신이 아무것도 모르고 있다는 사실만큼은 알고 있었어. 이런 이유로 그는 가장 지혜로운 사람이 될 수 있었어.

무지(無知)의 '지(知)'는 소크라테스를 위대한 철학자로 만들었어. 고로 무리수를 알게 된 우리도 위대한 앎의 단계에 다다른 게야. 이 사실을 피타고라스 학파가 알았더라면, 히파소스의 운명은 너무나 달라졌겠지?

수는 보이는 세계만을 다룰 뿐이에요 ◉

갈릴레이 : 우리를 골치 아프게 만들었던 무리수가 그런 깊은 의미를

갖고 있었단 말이야? 무리수 이야기를 들으니 지동설이 떠오르는군. 사람들은 친숙하다는 이유로 천동설을 믿어왔어. 하지만 과학적 사실은 지동설이 옳다는 것을 보여줬지. 이는 마치 유리수에 친숙한 사람들에게 수학적 인식을 통해 무리수의 존재를 보여주는 것과 같아. 앞으론 무리수를 칭송하고 자주 사용해야겠어. 내게 꼭 필요한 수란 걸 알았어. 모든 자연현상을 수로 나타내 그 규칙을 알아내려면 무리수가 있어야만 해.

어린왕자 ┃ 퍽이나 좋으시겠어요! 소원을 이룰 수 있는 수 체계를 획득하셔서. 하지만 전 여전히 수는 수일 뿐이라고 생각해요. 수는 여전히 만져지고 보여지는 것들만을 다룰 뿐이에요. 가시적인 세계만을 재현하죠. 하지만 보이지 않는 세계의 신비에는 전혀 관심도 없고 그 세계를 다루지도 않아요.

부르바키 ┃ 어린왕자! 섣부른 판단은 금물이야. 수가 꼭 보이는 것만을 다루지는 않아. 잘 믿기지 않겠지만 수 역시 보이지 않는 세계를 다루지. 그럼 그에 대해 알아볼까?

---

1. $\sqrt{3}$의 근삿값을 직접 구해보세요.

2. $\sqrt{3}$이 무리수임을 증명해보세요.

3. 대표적인 무리수인 원주율 π에 대한 결론은 '무지의 지'를 잘 보여주고 있습니다. 어떻게 결론이 났는지 찾아보세요.

4. 집합적 사고와 무리수를 통해 인간의 사유에 대해서 이야기해보세요.

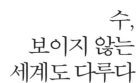

수,
보이지 않는
세계도 다루다

(고대 중국인의 공부방, 곰방대를 입에 문 남자가 종이를 건넨다.)

다음 방정식을 풀어라.

벼 상품 3단, 중품 2단, 하품 1단의 알곡은 39말이며, 벼 상품 2단, 중품 3
단, 하품 1단의 알곡은 34말이고, 벼 상품 1단, 중품 2단, 하품 3단의 알곡
은 26말이다. 상품, 중품, 하품 1단의 알곡은 각각 얼마인가?

유휘 지금부터 이 문제를 풀어봐. 뭣들 하는 거야? 뭘 멀뚱멀뚱 쳐
다봐?

모모 | 선생님, 저흰 시험 보러 온 게 아니라 강의를 들으러 온 거예요. 알곡이 얼마인지 저희가 어떻게 알아요?

갈릴레이 | 모모, 걱정 마. 내가 충분히 풀 수 있을 것 같아. 선생님! 제가 풀어보겠습니다.

상품, 중품, 하품 1단의 알곡을 각각 x, y, z라고 하면, 문제는 다음과 같이 고쳐 쓸 수 있습니다.

$$3x+2y+z=39 \text{ ------ } ①$$
$$2x+3y+z=34 \text{ ------ } ②$$
$$x+2y+3z=26 \text{ ------ } ③$$

문자가 세 개이고, 식이 세 개! 이런 걸 3원 1차 연립방정식이라고 하죠. 방정식의 해를 구하기 위해서는 다음과 같이 조작을 해주면 됩니다.

1)
$$3x+2y+z=39 \text{ ------ } ①$$
$$- \quad 2x+3y+z=34 \text{ ------ } ②$$
$$\overline{\quad x-y=5 \text{----} ④(①-②) \quad}$$

2)
$$6x+9y+3z=102 \text{ ------ } ②×3$$
$$- \quad x+2y+3z=26 \text{ ------ } ③$$
$$\overline{\quad 5x+7y=76 \text{ ------ } ⑤(②×3-③) \quad}$$

3)
$$5x+7y=76 \text{ ------ } ⑤$$
$$- \quad 5x-5y=25 \text{ ------ } ④×5$$
$$\overline{\quad 12y=51 \text{ ------ } ⑤-④×5 \quad} \rightarrow \quad y=\frac{51}{12}$$

1)과 2)를 통해서 x, y만으로 구성된 두 개의 식을 얻었습니다. 이 두 식을 이용해 3)에서는 y의 값을 얻을 수 있습니다. 여기서 구한 y값을 ④ 또는 ⑤에 대입하면 x값도 얻게 됩니다. z값은 얻어진 x, y값을

①, ②, ③ 아무 데나 대입하면 구할 수 있습니다. 맞죠?

동양의 방정을 보여주다 ●

유휘 | 답이 정확하군. 기호를 적절히 잘 사용했어. 수학 좀 했나봐. 우리도 비슷한 방식을 통해서 풀어냈어. 그 풀이를 보면서 강의를 해주도록 하지. 과정이 조금 길어. 졸지 말고 따라와.

먼저 문제에서 계수만을 뽑아 세로로 정렬을 해야 해. 아래처럼 정리하면 돼.

1	2	3
2	3	2
3	1	1
26	34	39

이 네모는 ①, ②, ③의 식에서 계수만을 세로로 쓴 것과 똑같아. 여기서 우리는 이 네모를 다음과 같은 모양이 되도록 조작을 해야 해. 1행1열, 1행2열, 2행1열이 0이 되도록 하는 거야.

위 식에서 첫 번째 열을 식으로 다시 쓴다면 '$\circ z = \heartsuit$'가 돼. 이 식은 우리에게 z값을 구할 수 있게 해주지.

$$\circ z = \heartsuit \;\; \rightarrow \;\; z = \frac{\heartsuit}{\circ}$$

구해진 z값을 두 번째 열과 세 번째 열에 대입하면 x, y값도 구할 수 있게 돼. 그러니 처음 문제를 위와 같은 형태로 조작해볼까? 주의할 것은 식이 열로 표현된 것이니 식의 조작도 열 단위로 해야 된다는 거야.

1열에는 (1열×3−3열)을, 2열에는 (2열×3−3열×2)을, 3열은 그대로 둬.

0	0	3
4	5	2
8	1	1
39	24	39

다음으로 1열에는 (1열×5−2열×4)의 계산 결과를 써. 그러면 우리가 원하는 형태가 나오지.

0	0	3
0	5	2
4	1	1
11	24	39

여기서 1열은 $4z=11$이므로 $z=\dfrac{11}{4}$이 돼. 이 값으로 x와 y값을 구하면 풀이는 끝!

이 풀이는 형태를 조금 달리했을 뿐 갈릴레이의 풀이방식과 같아. 멋지지 않은가? 중국인들은 이처럼 완벽한 풀이를 일찍부터 발견해냈지.

『구장산술』이란 책 ●

난 고대 중국인 유휘(劉徽)야. 중국 삼국시대 위나라의 수학자로 3세기경에 활동했지. 난 한나라 때 완성된 『구장산술』에 주석을 달았어. 『해도산경』이란 책을 쓰기도 했지.

『구장산술』은 기원전에 쓰인 책인데, 제목 그대로 해석하자면 9개의 장으로 이뤄진 계산의 기술이란 뜻이야. 고대 중국에서 두 번째로 오래된 수학 책으로 고대 중국의 수학에 대해서 알 수 있는 귀중한 자료지.

내용을 보면 당대에 관심을 가졌던 문제가 무엇이고, 어떤 수학적인 지식을 갖고 있었는가를 한 눈에 볼 수 있어.

1장은 전답의 넓이나 가로·세로 길이 구하기, 2장은 비를 이용한 곡물 교역의 문제, 3장은 고저의 차이가 있는 봉록(급료)이나 조세 구하기, 4장은 넓이와 부피 구하기, 5장은 토목공사의 공정과 부피 구하기, 6장은 운반 거리의 멀고 가까움을 고려하여 비용을 동등하게 정하는 문제, 7장은 과부족(남거나 부족한 것) 계산, 8장은 양수와 음수가 섞여 있는 계산, 9장은 피타고라스의 정리를 응용한 문제들로 구성되어 있지.

조금 전 우리가 풀어본 문제는 제8권 방정(方程)의 첫 번째 문제였어. 방정식이란 말이 여기서 만들어졌지. '방정(方程)'은 '수들을 네모 모양으로 늘어놓고 계산하는 것'을 뜻해. 우리가 풀어봤던 풀이방식이야.

방정에서 음수가 등장하다 ●

'방정'은 수의 역사에서도 중요한 장이야. 왜냐하면 방정의 과정에서 그 이전과는 성격이 아주 다른 수가 등장하기 때문이지. 그 이전의 수라면 보이는 양을 다룬 자연수나 분수를 말해. 하지만 '방정'에서는 보이지도 않고, 만질 수도 없는 양을 나타내는 수가 등장해. 이 수는 이러한 성격 때문에 수많은 사람들의 머리를 아프게 했지. 음수가 바로 그 수야.

'방정'에서 어떻게 음수가 등장하는 걸까? 음수는 열과 열의 계산

과정에서 나오게 돼. 열과 열을 빼는 과정에서 0보다 작은 수들이 나오는 경우가 발생하지. '3+5−9+4'의 경우와 비슷해.

$$3+5-9+4$$
$$=(3+5)-9+4$$
$$=(8-9)+4$$
$$=-1+4$$
$$=3$$

위의 계산에서 최종 답은 3이야. 하지만 중간에 '8−9'라는 과정에서 음수가 등장하게 되지. 이처럼 음수는 방정식의 풀이 과정에서 나타나게 되었어. 그랬기에 이 음수를 무시할 수 없었지. 음수를 적절하게 다루지 않고서 답을 구한다는 것은 불가능했거든. 정확한 답을 알아내기 위해 우리들은 음수를 받아들였고, 양수와 음수의 계산 규칙뿐만 아니라 적절한 음수 사용법도 만들어냈지.

중국인들은 양수와 음수를 정(正, positive)과 부(負, negative)로 표기했다네. 구장산술의 '방정' 첫 부분은 그것을 잘 보여주고 있어.

'방정'으로써 양수와 음수가 뒤섞인 것을 다룬다. (方程, 以御錯糅正負)

그리고 양수와 음수를 포함한 계산의 기술인 정부술(正負術)도 정확하게 알려주고 있지.

(加法) → 덧셈

異名相除 : 다른 부호는 서로 뺀다.

$$(+a)+(-b)=+(a-b)\ ;\ (-a)+(+b)=-(a-b)$$

同名相益 : 같은 부호는 서로 더한다.

$$(+a)+(+b)=+(a+b)\ ;\ (-a)+(-b)=-(a+b)$$

正無入正之 : 정은 상대가 없으면 정이다.

$$0+(+a)=+a$$

負無入負之 : 부는 상대가 없으면 부다.

$$0+(-a)=-a$$

(減法) → 뺄셈

同名相除 : 같은 부호는 서로 뺀다.

$$(+a)-(+b)=+(a-b)\ ;\ (-a)-(-b)=-(a-b)$$

異名相益 : 다른 부호는 서로 더한다.

$$(+a)-(-b)=+(a+b)\ ;\ (-a)-(+b)=-(a+b)$$

正無入負之 : 정은 상대가 없으면 부다.

$$0-(+a)=-a$$

負無入正之 ; 부는 상대가 없으면 정이다.

$$0-(-a)=+a$$

음수는 계산 과정에서만 쓰인 것이 아니라 양을 적절하게 표현할 때도 이용됐어. 방정의 8번 문제를 볼까?

지금 소 2마리와 양 5마리를 팔아서 돼지 13마리를 사면 1000전이 남고, 소 3마리와 돼지 3마리를 팔아서 양 9마리를 사면 금액이 딱 맞아 떨어지며, 양 6마리와 돼지 8마리를 팔아서 소 5마리를 사면 600전이 모자란다.

소, 양, 돼지의 가격은 각각 얼마인가?

　이 문제의 풀이에서 음수가 이용되었어. 판 것의 마리 수를 양으로 하고, 산 것의 마리 수는 음으로 했어. 또 남은 돈의 액수는 양으로 하고, 모자라는 돈의 액수는 음으로 했지. 양수와 음수를 대비시켜 적절하게 이용한 거야.

　중국인들은 음수를 능수능란하게 다뤘어. 계산 도구인 산대를 이용할 때도, 양수와 음수를 색깔이나 모양 등을 통해 구분해서 사용했어. 하지만 중국인들이 음수를 수로 받아들인 것은 아니란 점에 주목해야 해. 음수는 계산의 과정에서 등장한 하나의 부산물이었어. 방정식의 해 중에서도 음수인 해는 인정하지 않았으니까 말야. 방정식의 해는 양수여야 했던 거야.

음수, 수로 인정받다 ●

　부르바키 │ 중국인의 음수 사용은 다른 문명에 비해 매우 앞서 있었어. 인도에서도 계산의 필요에 따라 음수가 도입이 되었는데 그 시기는 6~7세기경이었지. 그들은 부채를 음의 양으로 기입했대. 인도에서 음수에 대한 체계화된 산술은 7세기 브라마굽타의 저작에서 나타났어. 그는 자산과 부채의 관계나 방향의 관계를 양수와 음수의 개념으로 설명했지.

　유럽에서 음수의 등장은 더욱 늦었어. 15세기가 되어서야 양수가 아닌 어떤 수로서 음수가 등장했지. 그들 역시 기호나 계산의 규칙은 설

정했지만 음수를 현실적인 양, 즉 현실적인 수로 인정하지는 않았어. 음수를 방정식의 근으로 인정하지도 않았고, 음수를 '불합리한 수'라고 부르기도 했지. 그런데 17세기를 거치면서 중요한 변화가 생겨. 음수가 수직선 상에 표시된 거야. 이 사건은 음수가 수로서 인정받는 데 중요한 계기가 되었어. 그래서 18세기 이후에야 음수는 수로 인정받게 된 거야.

모모 음수라! 역사적으로 음수가 수로 인정받기까지는 2000년 이상의 시간이 흘러야만 했군요. 그만큼 음수의 의미를 이해한다는 게 힘들었다는 뜻이겠죠. 사실 저도 알쏭달쏭해요. 저뿐만 그런 건 아니에요. 같이 놀던 친구들이나 오빠들도 그런 이야기를 많이 했어요. 2개, 3개는 이해가 되는데 어떻게 −2개, −3개가 있을 수 있냐고요?

음수, 수를 변하게 하다 ●

부르바키 음수가 수에 편입되기까지 오랜 시간이 필요했던 이유는 무엇일까? 사용하면서도 수가 아니라고 했잖아. 그것은 바로 수란 무엇인가에 대한 관념 때문이었어.

처음에 수란 존재하는 양을 나타내야 했어. 0보다 커야 했지. 이렇게 생각했으니 음수를 거부할 수밖에. 그럼에도 수학적 공간에서 음수는 살아남았지. 수에서 계산이란 필수적인데 이 과정에서 음수는 반드시 등장하게 되거든. 또한 음수는 부채나 손해 본 양을 나타내는 데 유용하게 사용되기도 했지. 그리곤 좌표 상에서 위치를 차지하면서 수라는 지위를 서서히 획득하기 시작했던 거야. 결국 음수의 사용은 수라는 관념을 변화시키고야 말았어. 그런데도 사람들은 음수를 구체적인 양과 결부시켜 이해하려고 하는데, 그건 착각이야.

음수란 흔히 0보다 작은 수라고 해. 그런데 0보다 작다는 말이 무슨 뜻이지? −2, −3이라는 수가 2, 3과 같이 구체적으로 존재하는 양을 표현한 것은 아니야. 만약 −2, −3이라는 양을 상상할 수 있었다면 음수를 수로 받아들이는 데 그렇게 오랜 시간이 걸리지 않았을 거야. 따지고 보면 현실에서 0보다 더 작은 양은 없어. 그럼에도 음수를 0보다 작은 수라고 여기게 된 것은 수직선(數直線) 상에서 음수가 양수와 동등하게 표시된 데 따른 결과라고 볼 수 있어. 하지만 그 과정에서 이미 수의 의미는 변했다는 것을 기억해야 해. 어떻게 변했지?

수직선(數直線)은 음수가 수로 인정받게 되는 데 결정적인 역할을 했어. 따라서 음수를 포함한 수를 제대로 이해하기 위해서는 수직선을 잘 이해해야 해.

수직선이란 수의 직선이야. 직선 상의 점에 수를 하나씩 대응시킨 것이지. 그래서 수를 시각화해주는 효과가 있어. 그런데 이 과정에서 수의 의미도 바뀌어. 수란 양이라기보다는 수직선 상에 표시되는 점 또는 위치가 되는 거야. 물론 수직선의 점이 양을 나타낼 수도 있지. 하지만 꼭 양으로 환원시킬 필요는 없는 거야. 수가 양이라는 의미는 수의 부분집합이지 전체집합은 아니야. 수를 양으로 환원시키려는 것은 수의 기존 관념에서 비롯된 거야.

수의 의미가 그렇게 달라지자 수의 대소관계에 대한 의미도 달라졌어. 이젠 양의 크기관계보다는 위치관계로 전환되었어. 수의 계산 역시 양의 가감이라기보다는 위치의 이동으로 바뀌었고. 덧셈은 수직선의 오른쪽으로 이동하는 것이고, 뺄셈은 왼쪽으로 이동하는 게 돼. 양

에셔, 〈낮과 밤〉, 1938년

가운데를 축으로 네덜란드풍의 마을이 거울 이미지처럼 대칭을 이루고 있다. 왼쪽은 낮이며 오른쪽은 밤이다. 낮 풍경에는 검은 새들이 오른쪽에서 왼쪽으로, 밤 풍경에는 흰 새들이 왼쪽에서 오른쪽으로 이동하고 있다. 방향이 정반대이다. 음수는 양수와 방향이 반대일 뿐 크기는 동일하다.

과 크기의 수는 이제 위치와 방향의 개념으로 바뀐 거야. 수직선에 위치로 표시만 된다면 그것이 바로 수이고.

따라서 0보다 작다는 것은 수직선 상에서 0보다 좌측에 있다는 의미일 뿐이야. −3을 군이 양으로 환원시켜 상상할 필요가 없지. −3을 수로 본다면 0을 기준으로 하여 왼쪽으로 3만큼 떨어져 있는 점이야. 또한 −3을 계산으로 본다면 3만큼 왼쪽으로 이동하는 것이지. 정리하자면 −3이라는 '상태 또는 결과'와 −3만큼의 '변화 또는 과정'을 의미해. 그렇게 본다면 음수는 양수와 방향만 반대일 뿐 크기는 같아.

음수, 수에 자유를 부여해주다 ◉

음수가 수로 편입되면서 수학의 영역은 굉장히 넓어졌어! 음수와 더불어 수의 영역은 2배로 넓어졌지. 하지만 실제로는 수의 영역을 무한히 넓힌 것과 같아. 0보다 커야 한다는 제한조건을 완전히 없애고 수에 자유를 부여해준 거잖아. 이러한 자유는 계산의 영역에서 즉각적으로 그 효과를 발휘하게 돼.

'3−5+6'을 계산할 때 음수를 꺼린다면 다음과 같이 해야만 해.

$$3-5+6=3+6-5=9-5=4$$

도중에 음수가 나오지 않도록 순서를 바꿔 계산하는 거지. 덧셈에서는 교환법칙이 성립하니까. 양수만을 고려하면 계산은 이처럼 불편해. 이런 과정을 거쳐서 계산을 했더라도 답이 양수가 아니라면 헛수고가 되고. 하지만 음수를 인정한다면 계산 순서 및 결과에 신경 쓸 필요가 없어. 아무 걱정 없이 규칙에 따라 술술 계산해가면 돼.

양수만의 세계에서 자유로운 계산 영역은 덧셈뿐이었어. 덧셈에서만 항상 양수가 나오지. 그러나 뺄셈은 자유롭지 못했어. 여기저기서 음수라는 폭탄이 터져 나왔거든. 그러나 음수를 수로 인정하고 나니 계산은 이제 뺄셈에서도 막힘이 없게 되었지. 수에서의 자유가 계산에서의 자유로 이어진 거야.

방정식에서도 음수는 큰 역할을 했어. 음수를 수로 인정하지 않은 곳에서는 공통적으로 방정식의 해는 양수여야만 했네. 양수가 아닌 해는 버렸지. 하지만 음수를 인정하면서 모든 해가 인정을 받았어. 그만큼 방정식이 자유로워진 거야.

일상생활에서도 음수는 더욱 다양하게 사용되고 있어. 수로 인정받으면서 더욱 적극적으로 사용되었을 거야. 건물에서 지하 층을 나타내기도 하고, 올림픽이나 새해가 시작되는 기준일에 며칠이나 부족한가를 나타내는 D-day에 사용되기도 하지. 음수도 양수처럼 현실 속의 양을 표현하는 역할을 충실히 해내고 있어.

음수, 세상을 반대로 보게 하다 ●

니체 음수가 수에 편입된 게 참 대단한 일이었군. 수학은 참으로 풍성해졌겠어. 하지만 수학을 공부해야 할 사람들은 그만큼 힘들어했겠지? 불쌍한 학생들~ 그런데도 음수의 의미는 공부할 필요가 있는 것 같아.

음수는 세계에 대한 또 하나의 이미지 또는 언어를 준 셈이야. 동일한 사건이나 대상, 행위에 대해서 정반대의 이미지를 제공해준다는 거야. 예를 들어주지.

　지원이가 준영이에게 2권의 책을 줬어. 2권의 변화가 생긴 거지. 이 변화를 양수만으로 묘사한다면 '준영：+2'라고 말해야 해. 그런데 지원이의 입장에서는 어떻게 묘사할 수 있지? 2개 감소했지만 양수만으로는 지원이의 입장을 묘사할 수가 없어. 양수 영역에서 지원이의 변화는 누락되고 말지. 오직 준영이의 입장에서 바라본 변화만이 묘사될 수 있어. 그런데 이 변화에서 주체는 지원이었어, 준영이가 아니고. 그러나 음수를 사용하게 되면 '지원：-2'라고 묘사할 수 있게 돼.

　음수는 우리에게 전혀 다른, 반대의 관점에서 세계를 바라보고 묘사할 수 있게 해줘. 관점을 확대해줄 뿐만 아니라, 관점의 자유를 선사해주지. 하나의 시선에서는 주체와 대상이 고정돼버려. 오직 다른 관점으로 바라볼 때 주체가 대상이 될 수 있고, 대상이 주체가 될 수 있는 거야. 관점의 자유를 준다는 것은 바로 이런 뜻이야. 대상이었던 존재들이 주체로 등장할 수 있어. 음수가 바로 그런 역할을 한 거야.

　음수는 양수적 관점이 전부라고 알아온 우리에게 세상을 거꾸로 바라볼 수도 있다고 말하는 것 같아. 음수는 또한 세계를 다르게 바라보기를 갈망하던 이들에게 그런 시도가 얼마든지 가능하며, 그 세계를 양수적 관점과는 다른 언어로 나타내보라고 말하는 것 같군.

　우리는 증가, 확대를 중심으로 한 양수적 이미지에 익숙해 있어. 증가는 좋은 것, 바람직한 것으로 여겨졌지. 양수는 방향이 하나밖에 없거든. 커지는 방향! 그래서 발전, 진보, 확대 등의 가치는 우리에게 환영받았어. 생존하기 위해서, 보다 인간답게 살기 위해서 우리들은 발전하고 진보하며, 우리들의 세계를 확대해가야 한다고 생각했어. 그러나 이것은 양수적 관점일 뿐이야. 하지만 양수적 세계는 필연적으로 음수적 세계를 동반하고 있어. 감소를 중심으로 한 음수적 이미지가 바로 그것이야. 이런 음수적 이미지까지 보지 못했다면 제대로 봤다고 할 수 없어.

발전과 자기 강화의 양수적 이미지 속에서 우리는 우리 스스로를, 그 무엇을, 또는 그 누군가를 퇴보시키고 약화시키고 있는 것은 아닐까?

음수에서 수의 완성을 보다 ●

갈릴레이 니체의 말을 듣고 있자니 지나간 내 일이 생각나는데……. 난 지동설이 진리임을 확신했어. 그래서 난 진리를 강화하고자 했지. 그런 생각이 과학의 입장에서 바라본 양수적 이미지였던 것 같아. 지동설의 주장이 불러들일 음수적 이미지를 난 충분히 고려하지 못했던 것 같아. 충분히 고려했다면 난 방법을 달리했을 거야. 더 세게 하거나, 아예 조용히 하거나.

음수를 알고 나니 경이롭고 만족스러워서 미칠 지경이야. 내가 간절히 찾고자 했던 걸 찾은 느낌이랄까? 유리수와 무리수에 음수가 더해지니 수 체계는 완성된 거잖아. 비가시적인 양까지도 묘사할 수 있어. 이제 세상을 그리는 데 필요한 수라는 물감은 다 준비가 되었어. 이제 맘껏 그리기만 하면 되는 거야. 더불어 우리의 수 공부도 끝날 때가 된 것이고.

부르바키 갈릴레이! 그랬으면 좋겠지? 그러나 세상은 때로 우리 생각과는 달리 돌아가는 법! 자네 말처럼 세상을 묘사하기 위한 수는 완성이 되었어. 그러나 수의 세계가 여기서 끝난 것은 아니야. 수의 세계는 계속 돼. 아니 오히려 지금과는 다른 급격한 변화를 겪게 되지. 상상도 못 할 일이 벌어지게 돼. 어떤 일이 벌어진 것일까?

1. $3-(-1)=3+1=4$, $(-2)\times(-3)=6$이 되는 이유나 근거에 대해서 생각해보고 이야기해보세요.

2. 음수가 수로 편입되면서 달라지게 된 수학의 구체적인 사례들을 찾아보세요.

18

수,
크기의 재현으로부터
독립하다

(이탈리아 밀라노에 있던 카르다노의 서재, 책상 위에 그의 비밀일기가 펼쳐져 있다.)

1535년 2월 ○일

끝났다!!!

피오와 타르탈리아 사이의 수학 시합은 결국 타르탈리아의 승리로 끝이 나고야 말았다.

처음 이 시합은 피오의 도전으로 시작되었다. 사실 피오는 대단한 수학자가 아니었다. 그럼에도 그는 도전을 했었다. 무모하게시리! 게다가 피오가 타르탈리아에게 낸 문제는 모두 3차방정식 중 2차 항이 없는 식($x^3+mx=n$과 같은 약화된 3차방정식)에 대한 것이었다.

도대체 피오는 왜 그렇게 무모한 짓을 한 걸까? 자기가 이길 수 있을 것이라고 생각했던 것일까?

몇십 년 전 수학자 파치올리는 3차방정식의 해법은 거의 불가능하다는 견해를 밝힌 바 있다. 그로 말미암아 다른 수학자들은 이 문제를 풀어보겠다는 의지를 더 불태우게 되었다. 이 문제를 정복한다는 것은 자기가 최고의 수학자임을 보여주는 것이었기 때문이다. 하지만 아직까지 아무도 3차방정식을 풀어내지는 못했다.

그런데 피오는 왜? 시합은 피오의 참패로 끝이 났다.

무식한 피오! 감히 타르탈리아에게 대들더니 꼴 좋게 되었구나.

1535년 2월 ○일

타르탈리아는 시합에서 이기고야 말았다. 그는 분명 훌륭한 수학자다. 그런데 그는 어떻게 3차방정식 문제를 다 풀어냈을까? 내가 알기로 그는 그 시합이 있기 전까지 풀이법을 알지 못했다. 그것은 확실하다. 그런데 어떻게?

타르탈리아! 무슨 수를 쓴 거야?

한두 문제도 아닌 30문제를 모두 풀어냈다면 우연이 아니라는 이야기인데. 궁금해 죽겠다.

여하간 얼마나 좋을까? 벌써 사람들은 타르탈리아가 제일의 수학자라며 그를 추켜세우고 있다. 존경에 찬 사람들의 시선을 받는다는 것은 생각만 해도 짜릿하리라. 게다가 그 이유도 얼마나 고상한가? 돈이 많아서도 아니고, 신분이 높아서도 아니다. 신들의 지식인 수학적 진리를 소유한 인간으로서 받는 존경과 기대인 것이다.

나 역시 그런 인간으로 역사에 남고 싶다.

우여곡절 끝에 나는 여기까지 왔다. 환영받지 못한 출생으로부터 시작된 나의 기구한 운명! 의사로, 점성술사로, 교수로 나는 살아왔다. 하지만 사람들은 나를 결코 존경하지 않는다. 나는 내 운명을 극복하고 신과 같은 사람으로 역사에 남고 싶다. 언젠간 그렇게 되리라.

별이 총총히 빛나는 밤!

타르탈리아가 한없이 부러워진다.

그는 어떻게 3차방정식을 풀어내서 피오를 이긴 것일까?

1535년 2월 ○일

망할 피오 녀석 같으니라고! 결국 스승의 비법을 타르탈리아에게 가르쳐준 꼴이 되었구나.

타르탈리아는 3차방정식의 풀이법을 피오가 낸 문제 때문에 알아냈다고 한다. 내가 예상했던 것처럼 타르탈리아는 그 풀이법을 시합 전까지 모르고 있었다. 피오가 낸 문제를 풀기 위해서 고민하다가 시합의 마지막 날 그 해법을 발견했다는 이야기를 들었다.

카르다노(1501~1576)

피오가 가만히 있었더라면 타르탈리아는 그 비법을 발견해내지도 못했을 것이다. 그랬더라면, 사람들이 타르탈리아를 더 위대하게 보지도 않았을 텐데.

1535년 2월 ○일

오늘도 3차방정식의 해법을 찾아보려고 했으나 허사였다. 목이 마르고 숨이 찬다. 가슴은 더 타 들어간다. 타르탈리아가 알아낸 걸 왜 나는 알아내지 못한단 말인가? 난 역시 수학으로 그를 이길 수 없단 말인가?

아니다! 난 할 수 있을 것이다! 해내야만 한다!

난 온갖 질병을 견뎌냈으며, 부인과 아들을 잃은 슬픔에도 굴하지 않았다. 언젠가 별자리는 내게 보여주었다. 내가 역사에 길이 남을 위인으로 기록되리란 것을.

조금 더 해보자. 신께서 분명 알려주시리라.

1535년 3월 ○일

3차방정식을 풀 수 없다고 난 결론을 내렸다. 그가 한 것을 내가 못하다니.

대신 그에게서 그 비법을 알아내기로 결심했다. 분명 그는 가르쳐주지 않을 것이다. 그렇다면 그에게 거절할 수 없는 제안을 해야만 한다. 어떤 제안을 해야 그가 관심을 갖을까?

그래! 방법이 생각났다.

그는 늘 후원자가 없어 조바심을 내곤 했다. 난 종교계나 학계 등에 상당한 인맥이 있으니 후원자를 소개해주겠다고 하면 그도 관심을 보

타르탈리아(1499~1557)

일 게 틀림없다. 당장 그에게 편지를 써 보내야겠다. 그를 잘 굴려서 그 비법이 내 손에 들어오도록 해야 한다.

1539년 3월 25일

드디어 그가 입을 열었다. 나의 제안을 받아들인 것이다. 오 하느님! 얼마나 많은 정성을 들였던가? 그를 여러 번 만나서 이야기하고 설득했었다.

그는 내게 다음과 같은 내용에 서약할 것을 요구했다.

'성경과 신사로서의 신의를 걸고 당신이 허락하지 않는 한 나는 절대 당신이 발견한 이 해법을 발표하지 않을 것을 맹세합니다. 또한 독실한 기독교인으로서 내가 죽은 후에도 아무도 이를 이해하지 못하도록 암호로 보관할 것을 맹세하고 서약합니다.'

난 아무런 주저 없이 당장에 서약을 했다. 못할 게 뭐란 말인가?

그러자, 타르탈리아는 약화된 3차방정식의 해법을 암호로 알려주었다.

1539년 3월 26일

타르탈리아의 방법은 보면 볼수록 눈부시다.

인간으로서 어떻게 이런 풀이법을 발견할 수 있단 말인가? 신께서 함께 하신 것이다.

비록 늦었지만, 신께서도 나와 함께 하신 것이다.

1539년 4월 ○일

타르탈리아의 방법을 눈여겨보다가 뭔가를 발견했다. 그의 방법은 그리 대단한 것이 아니었다. 왜냐하면 그의 방법은 2차방정식의 해법에 기초를 두고 있었기 때문이다. 2차방정식의 해법은 이미 모두가 알고 있다. 새로운 지식이 아니다.

그런데 타르탈리아는 3차방정식을 2차방정식으로 전환하여 3차방정식을 풀었던 것이다.

허무하다! 굉장한 것이라 생각했던 그 해법이 내가 알고 있던 아이디어를 활용한 것이었다니. 타르탈리아, 교활한 여우 같으니라고.

1542년 ○월 ○일

놀라운 성과를 우리는 일궈냈다!

이런 일이 가능하다니 놀라울 뿐이다.

우리는 이미 3차방정식의 일반형에 대한 해법을 발견했다. $x^3 + mx = n$과 같은 형태를 포함한 모든 3차방정식의 일반형인 $x^3 + bx^2 + cx + d = 0$에 대한 해법이다. 이제 어떤 3차방정식이든 해결할 수 있게 되었다. 타르탈리아를 넘어선 것이다.

그러나 우리의 성과는 여기서 그치지 않았다. 4차방정식에 도전을 했고, 드디어 오늘 우리는 그 해법을 알아냈다. 사실 4차방정식의 해법은 거의 페라리의 업적이었다.

페라리는 우리 집에 일꾼으로 들어왔던 놈이었다. 그런데 이 아이가 수학에 무척이나 소질이 있었다. 신분이 무슨 소용이랴! 나는 그 아이를 수학의 동료로 대했고 함께 연구를 진행해왔다. 그런데 그가 드디어

일을 낸 것이다.

그럼에도 우리는 우리의 성과를 발표할 수가 없었다. 왜냐고? 이 모든 방법이 타르탈리아의 방법에 기초하고 있거든.

대단한 업적을 이루고도 발표할 수 없으니 입이 근질근질해 죽겠다.

내가 도대체 왜 그에게 발설하지 않겠다는 서명을 한 것일까? 분통이 치민다!

1543년 ○월 ○일

젠장. 난 지금껏 타르탈리아에게 속아왔다. 3차방정식의 해법을 처음 알아낸 것은 그가 아니라 피오의 스승이자 볼로냐 대학의 교수인 페로였던 것이다.

나와 페라리는 볼로냐를 여행했다. 도중에 우리는 30년 전 페로가 쓴 논문을 보게 되었다. 바로 3차방정식에 관한 글이었다. 그런데 이것이 타르탈리아의 해법과 같은 것이었다.

그런데도 타르탈리아는 나에게 해법을 발설하지 않을 것을 서약하게 했다. 그가 서약을 강요할 권리가 어디에 있단 말인가?

분통해하고 있는 나에게 페라리는 말했다. 우리가 우리의 성과를 발표한데도 전혀 문제가 없는 것 아니냐고? 일리 있는 이야기였다. 그래서 우리는 책을 내서 우리의 위대한 업적을 발표하기로 결심했다.

1545년 ○월 ○일

드디어 우리의 책이 세상에 빛을 보게 되었다. 『위대한 술법(Ars

magna)』.

이 책은 3차 및 4차방정식의 해법을 담고 있다. 타르탈리아는 $x^3 + mx = n$과 같은 약화된 3차방정식을 정육면체와 그 부피와 관련된 기하학적 방식을 이용하여 2차방정식으로 만들어버렸다. 참으로 멋진 기술이다. 그렇게 하면 근 x를 구할 수 있다. 2차방정식의 해법은 이미 알려져 있으니까.

$$x^3 + mx = n$$
$$x = \sqrt[3]{\left\{ \frac{n}{2} + \sqrt{\left(\frac{n^2}{4} + \frac{m^3}{27} \right)} \right\}} - \sqrt[3]{\left\{ -\frac{n}{2} + \sqrt{\left(\frac{n^2}{4} + \frac{m^3}{27} \right)} \right\}}$$

우리는 이것을 기초로 모든 3차방정식을 풀 수 있는 방법도 찾아냈다. 우리는 먼저 3차방정식의 모든 경우를 찾아냈다. 음수인 계수를 피하고 양수인 계수를 갖는 여러 가지 방정식의 경우를 다 따져봤다. 각 경우마다 풀이를 찾아냈다. 원리는 간단했다. 그 원리는 모든 3차방정식을 위의 약화된 3차방정식으로 만드는 것이다. 그렇게만 된다면 타르탈리아의 방법을 다시 적용하여 모든 해를 구할 수 있다.

$$ax^3 + bx^2 + cx + d = 0 \qquad \longrightarrow \qquad \text{약화된 3차방정식}$$
$$x = y - \frac{b}{3a} \text{ 로 치환}$$

3차방정식을 해결하자, 우리는 곧바로 4차방정식에 도전했다. 여기에서도 우리는 4차방정식을 3차방정식으로 만들 수 있는 방법이 있는가를 중점적으로 살펴봤다. 오랜 연구 끝에 우리는 그 방법을 발견했다.

$$ax^4 + bx^3 + cx^2 + dx + e = 0 \qquad \longrightarrow \qquad \text{3차방정식}$$
$$x = y - \frac{b}{4a} \text{ 로 치환}$$

1545년 ○월 ○일

3차방정식을 푸는 과정에서 발견한 이상한 현상이 자꾸 머리에 맴돈다. 어떤 방정식을 풀다 보면 도중에 이상한 수를 만나게 되는데 무시할 수 없는 수이다. 가령 $x^3-15x=4$를 방정식의 해법을 이용해서 풀면 x는 다음과 같다.

$$x=\sqrt[3]{(2+11\sqrt{-1})}-\sqrt[3]{(-2+11\sqrt{-1})} \text{ 또는}$$
$$x=\sqrt[3]{(2+\sqrt{-121})}-\sqrt[3]{(-2+\sqrt{-121})}$$

여기에선 $\sqrt{-1}$ 또는 $\sqrt{-121}$이 등장한다. 제곱해서 -1 또는 -121이 되는 수라니. 음수란 것도 아직 어색하고 이상한데, 음수의 제곱근이라니! 처음엔 당연히 무시했다. 말도 안 되는 수이기 때문이다. 그런데 무시할 수 없다는 것을 알게 되었다. 왜냐하면 다른 방식을 통하여 위의 방정식의 해를 구할 수 있었기 때문이다. 방식은 달라도 해는 같아야 한다.

$x^3-15x=4 \rightarrow x^3-15x-4=0$: x에 4를 대입하면 식을 만족하므로

$$(x-4)(x^2+4x+1)=0$$
$$x=4,\ x=-2+\sqrt{3},\ x=-2-\sqrt{3}$$

타르탈리아의 공식을 통해 나온 해는 분명 위의 세 가지 해 중에 하나와 같을 것이다. $\sqrt{-1}$ 또는 $\sqrt{-121}$이 포함된 값이 4나 $-2+\sqrt{3}$, $-2-\sqrt{3}$과 같다니. 도대체 이 이상한 수들의 정체는 무엇일까? 이 수들을 어떻게 다뤄야 하는 것일까? 고민스럽다.

너무 많은 고민은 사람을 병들게 할 수 있다. 그만 생각하자. 별 가치가 없는 것에 너무 신경 쓰지 말자. 그냥 그대로 쓰지 뭐.

내가 책에 다음과 같은 문제를 낸 것도 이것과 관계가 있다.

더하면 10, 곱하면 40이 되는 두 수는 무엇인가?

한 수를 A라고 하면 다른 수는 $10-A$가 되고, 이 두 수는 곱해서 40이 되므로 $A(10-A)=40$이라고 쓰면 된다. 해는 무엇일까?

$$A(10-A)=40$$
$$A^2-10A+40=0$$
$$A=5+\sqrt{-15} \text{ 또는 } A=5-\sqrt{-15}$$

'정신적인 고통을 무시한다면, 이 두 수의 곱셈의 답은 40이 되어 확실하게 조건을 만족시킨다.' 음수의 제곱근을 쓰면 답이 없는 문제도 답을 낼 수 있게 된다. 그러나 '이것은 궤변적이며, 수학을 여기까지 정밀하게 만들어도 실용적인 사용처는 없다.'

카르다노를 소개하다 ●

부르바키 | 이것은 16세기 이탈리아의 수학자인 제롤라모 카르다노 (1501~1576)의 일기야. 세상에 공개되지 않은 것이지. (사실을 기반으로 저자가 창작한 것이다.) 그는 한마디로 기인이었어. 1575년에 쓰인 자서전에 많은 이야기들이 담겨 있지.

그의 어머니는 그를 유산시키려고 온갖 약을 다 먹었대. 하지만 유산이 되지 않았지. 그는 숨만 겨우 붙어서 태어났어. 그래서인지 평생 병에 시달려야만 했어. 하루에 3.8리터에 가까운 오줌을 배설하는 병을

앓기도 했고, 위와 가슴에서는 이상한 액체가 흘러나오기도 하고. 때론 육체를 의도적으로 학대하기도 했대. 입술을 깨물고, 손가락을 비틀고, 팔을 꼬집으면서. 다소 신경질적이고 괴팍한 성격이지.

결혼도 좀 특이했어. 그는 어느 날 꿈에서 하얀 옷을 입은 여인을 보았대. 그러곤 얼마 뒤 그 여인과 닮은 여인을 우연히 보게 되었지. 결국 그는 이 여인과 결혼을 했어. 결혼 후 그의 삶에는 불행한 사건들이 계속 일어났어. 그의 죽음에 관한 이야기도 재미있어. 그는 자신이 죽는 날을 예언했는데, 그 예언을 이루기 위해 그날 자살을 했다는 이야기도 전해지지.

그는 수학에 많은 공헌을 했어. 그는 평생 노름에 관심을 가졌는데, 자서전에 수년 동안 그것도 매일 노름을 했다고 밝혔어. 그는 이 과정에서 확률을 심도 있게 다룬 논문을 완성했어. 이 논문은 사후인 1663년에 『게임에 관한 책』으로 출판되었지.

제곱해서 음수가 되는 수가 등장하다 ●

그의 중요한 또 다른 업적은 바로 제곱해서 음수가 되는 '음수의 제곱근'에 관한 거야. 그는 $\sqrt{-1}$ 이나 $\sqrt{-121}$과 같은 음수의 제곱근을 3차방정식을 푸는 과정에서 예상치 못하게 만나게 되었어. 그래서 다뤄야만 했지. 해가 분명한 방정식을 푸는 과정에 등장했기에 무시할 수 없었지. 그는 고민하다 음수의 제곱근도 보통의 수처럼 다루기로 했어. 하지만 대수롭지 않게 생각했지.

음수의 제곱근에 관한 연구에 획기적인 진전은 1572년 『대수학

(Algebra)』이란 논문을 발표한 라파엘 봄벨리(1526~1573)라는 이탈리아의 수학자에 의해서 이뤄졌어. 그는 3차방정식을 푸는 데 '음수의 제곱근'이 필요한 도구임을 보여줬어. 해가 음수의 제곱근이 아닐지라도 과정에서는 음수의 제곱근을 다뤄야만 한다는 거야. 그는 $x^3-15x=4$를 다시 조사한 후, 다음과 같은 해를 구했어.

$$x=\sqrt[3]{(2+\sqrt{-121})}-\sqrt[3]{(-2+\sqrt{-121})}$$
$$=(2+\sqrt{-1})-(-2+\sqrt{-1})$$
$$=4$$

하지만 봄벨리도 음수의 제곱근 다루는 법을 분명하게 알았던 건 아냐.

음수의 제곱근은 데카르트에 의해 이름을 갖게 됐어. 그는 음수의 제곱근은 그림으로 그릴 수 없다고 결론을 내리고, 부정적인 의미를 내포한 '상상의 수'라고 불렀지. 이것이 영어로는 'imaginary number'이고, 허수(虛數)로 번역되어 쓰이고 있는 거야.

오일러는 계속해서 이 허수를 연구했고 허수가 가지는 중요한 성질을 천재적인 계산 능력으로 규명해나갔어. 그는 '−1의 제곱근', 즉 $\sqrt{-1}$을 허수단위로 정하고, 그 기호를 imaginary의 머리글자에서 따와 i로 정했지. 그게 단위야. '세계에서 가장 아름다운 수식'이라 불리는 오일러의 등식인 $e^{i\pi}+1=0$에도 이 허수는 포함돼.

갈릴레이 | 수의 역사가 끝이 아니다! 오히려 급격한 변화를 겪는다! 그 말이 무슨 얘기인지 알겠군. 그런데 왜 나는 이 허수에 대한 기억이 없지? 아마 모르고 있었거나 들었더라도 무시했기 때문이겠지? 그런

데 아무리 생각해도 허수가 어떤 수인지 감이 잡히지 않아. 무슨 뜻인지도 모르겠고 보이지도 않아. 누가 허수의 의미에 대해 설명을 좀 해주지?

대소관계가 존재하지 않는 수 ●

부르바키 허수의 의미? 제곱해서 음수가 된다는 게 의미의 전부야. 허수의 모든 특징은 i에 집약되어 있어. 그런데 i는 기존의 수와는 매우 특이한 면이 있어. 한번 볼까?

$i^2 = -1$이야. 이 i는 0보다 큰 수일까 아니면 0보다 작은 수일까? 약간의 특별한 작업을 거치면 그걸 알 수 있어.

먼저, i가 0보다 크다고 가정해볼까? 즉, $i > 0$이다. 그리고 다음과 같이 조작을 해보자고.

$i > 0 \rightarrow$ 양변에 i를 곱한다. $i > 0$이라고 가정했으므로, 부등호의 방향은 그대로

$$i \times i > 0 \times i$$
$$i^2 > 0 \rightarrow i^2 = -1 이므로$$
$$-1 > 0 \rightarrow 모순된 결론$$

식의 조작 결과 -1이 0보다 크다는 모순된 결론이 나왔지? 이것은 $i > 0$이라는 최초의 가정이 잘못되었기 때문이야. 고로 i는 결코 0보다 클 수는 없어. 그렇다면 i는 0보다 작을까?

i가 0보다 작다고 가정해봐. 즉, $i<0$이다. 그리고 또 조작을 해보자고.

$i < 0 \rightarrow$ 양변에 i를 곱한다. $i<0$이라고 가정했으므로, 부등호의 방향은 반대로

$$i \times i > 0 \times i$$
$$i^2 > 0 \rightarrow i^2 = -1 이므로$$
$$-1 > 0 \rightarrow 모순된 결론$$

모순된 결론이 나오는 것은 여기서도 마찬가지야. 이것 역시 $i<0$이라는 최초의 가정이 잘못되었기 때문에 비롯된 거야. 고로 i는 0보다 작지 않아야 해.

종합해보면 $i>0$도 아니고, $i<0$도 아니야. 그리고 $i=0$도 아니야. 그럼 도대체 i란 뭘까?

i에는 대소관계가 존재하지 않아. 따라서 허수에도 대소관계는 존재하지 않지. $3i$는 $4i$보다 큰 것도 아니고, 같은 것도 아니며, 작은 것도 아니야. 신기하지?

허수는 순수 사유의 창조물이다 ●

허수 이전의 모든 수들은 대소관계가 존재했어. 그리고 수직선에 점으로 표시되었지. 그리고 이 수(실수)들은 모두 어떤 대상의 크기를 나타낼 수 있으며, 어떤 수이건 제곱하면 0보다 같거나 큰 수가 돼. 하지만 허수는 제곱해도 0보다 작으므로 수직선의 어디에도 끼일 자리가

에셔, 〈계단의 집〉, 1951년

에셔는 신이 몸을 바퀴나 고리처럼 말아서 이동하는 동물을 창조하는 것을 잊었다고 말한다. 그래서 그는 그런 동물을 직접 창조하였다. 그 동물이 계단을 거닐고 있다. 허수는 현실과 상관없이 수학적으로 만들어진 순수한 창조물이다. 이 허수는 수학적 건물 위에서 아무런 거리낌없이 자유로이 활보하며 활동하고 있다.

없어. 따라서 허수에게서 현실적으로 존재하는 양을 나타내리라 기대하는 것은 불가능해. 당연히 대소관계를 나타내지도 못하지. 오로지 상상 속에서나 가능한 수야.

허수는 방정식이란 수학적 공간 안에서 탄생한 수야. 그럼에도 허수는 그 이전의 수와는 닮은 점이 하나도 없는 기형적인 수야. 현실과는 아무런 상관 없는 순수한 수학적 사유의 창조물이지. 허수란 그런 거야. 실망했나?

허수도 수로서 인정받으려면 다른 수들처럼 시각적으로 표현되어야만 했어. 그런데 이것을 가능하게 한 사람이 등장했어. 덴마크의 측량기사 카스파 베셀(1745~1818)은 이렇게 생각했대.

'허수는 수직선의 어디에도 없다. 그렇다면 수직선의 밖, 요컨대 원점에서 위의 방향으로 뻗은 화살표를 허수로 생각하면 될 것 아닌가?'

그래서 그는 하나의 축에는 기존의 수들을, 다른 하나의 축에는 허수를 표시하며 허수를 점으로 표현했어. 그렇게 해서 허수는 다른 수들과 동등한 지위를 얻게 된 거야.

니체 참 재미있는 수로군. 수학적 공간 안에서 만들어진 수이기에 수가 아니라고도 할 수 없고, 대소관계도 없기에 수라고 할 수도 없고. 뭔가 대단한 일이 일어난 게 분명해. 대소관계를 파악하기 위해서 만들어진 게 수인데 대소관계 없는 수가 등장해버렸다니. 도끼로 자기 발등을 찍은 셈이지. 수학자들이 상당히 골치 아파했을 것 같은데. 이러지도 저러지도 못하고.

허수에는 왠지 심오한 의미가 숨어 있을 것 같아. 하지만 그게 뭔지는 아직 잘 모르겠어. 조금 더 시간을 두고 생각해봐야겠어. 그건 그렇고 당장 궁금한 게 있어.

허수는 분명 수의 공간에 심대한 분열을 초래했어. 쉽게 봉합할 수 없는 분열이었겠지. 수학자들이 무척 난처해하고 당황했을 것 같아. 혹시 피타고라스 학파처럼 새로운 수를 둘러싸고 은폐와 음모가 있었던 거 아냐? 제2의 히파소스가 있었던 거 아니냐고?

부르바키 니체! 허수로 인해 겪었을 수학자들의 충격이라! 거기까지 생각하다니. 그런데 어쩌지? 자네가 상상하는 것처럼 제2의 히파소스는 없었어. 실수는 한 번으로 족했다고 봐야지. 과연 이 사태는 어떻게 마무리되었을까?

1. $ax^3+bx^2+cx+d=0$을 $x=y-\dfrac{b}{3a}$로 치환하여 약화된 3차방정식 $x^3+mx=n$의 형태로 만들어보세요.

2. 그림은 대상의 모양과 색상을, 수는 대상의 크기를 재현해왔습니다. 수의 역사에서 허수가 가지는 의미와 비교될 만한 미술에서의 사건과 변화를 이야기해보세요.

19

수,
통일의 꿈을
이루다

가우스, 통일된 수 체계를 꿈꾸다 ◉

(괴팅겐 대학의 강의실, 한 남자가 칠판에 수식을 적는다.)

$$S = 1+2+3+ \cdots + 98+99+100$$

1부터 100까지의 합은 얼마일까요? 아마 대부분의 사람들은 1부터 하나씩 더해갈 것이 분명합니다. 99번의 덧셈을 하면 되겠죠. 머리가 나쁘면 손발이 고생한다는 말 아시죠? 딱 이걸 보고 하는 말입니다. 저는 이 문제를 열 살 때 접해봤습니다. 시간이 걸릴 걸 예상하고 선생님께서 문제로 내셨죠. 제 친구들은 모두 더해가기 시작했습니다. 난 곰

가우스(1777~1855)

곰이 생각했죠. 좀더 쉽고 빠른 방법은 없을까? 그러다 멋진 방법을 생각했습니다.

S에서 처음의 1과 맨 끝의 100을 더하면 101, 두 번째의 2와 99번째의 99를 더해도 101, 세 번째의 3과 98번째의 98을 더해도 101. 이런 식으로 대칭을 이루는 두 수를 더하면 모두 101이 됩니다. 그러면 S에는 모두 50개의 101이 있게 됩니다. 그래서 $S=101 \times 50$, 즉 $S=5050$이 됩니다. 이 사건은 나에 관한 대표적인 전설입니다.

난 19세기를 대표하는 수학자, 가우스입니다. 나는 일찌감치 수학적인 천재성을 보여줬죠. 세 살 때 아버지의 틀린 계산을 암산으로 잡아내기도 했습니다. 수학을 공부하게 된 결정적인 계기는 괴팅겐 대학에 있을 때의 발견 때문이었습니다. 1796년 19세의 나이에 나는 정17각형을 작도할 수 있다는 사실을 알아냈습니다. 내 발견에 고무되어서인지 이후 정17각형의 작도법이 등장하게 됐죠. 정17각형에 대한 발견이 스스로도 자랑스러워 묘비에 새겨달라고도 했습니다. 나는 완전성과 엄밀성을 바탕으로 하여 수학뿐만 아니라 천문학, 과학 등에서 많은 업적을 남겼습니다.

이런 내게 수는 굉장히 불완전하게 보였습니다. 이미 많은 수들이 있었습니다. 자연수, 소수, 음수, 무리수, 허수 등등! 하지만 그 모든 것들은 완벽한 하나의 체계를 이루고 있지 못했죠. 각자 독립적으로 흩어져 있는 것 같았습니다. 수의 의미는 더욱 모호하고 불분명했죠. 허수의 등장은 수란 무엇인가에 대해 대답하기 어렵게 만들었습니다. 그렇다고 허수를 빼버리면 수학은 절름발이가 돼버립니다. 자유롭지 못하고 제한적인, 답답한 수학이 되는 거죠. 뭔가 수를 내야만 했습니다.

무리수에 대한 역사적 경험은 허수에 대해 어떻게 대처해야 하는지 교훈을 주었습니다. 손바닥으로 하늘을 가릴 수 없듯 허수의 존재를 없앤다고 모든 문제가 해결되는 것은 아님을 알고 있었죠. 허수를 수용하는 것 외에는 대안이 없었습니다. 허수를 수용하되 허수의 이질성을 어떻게 극복하느냐를 고민해야 했습니다. 이질적인 수들로 분열된 수는 아름답지 못합니다. 수학이라면 통일되며 완전한 하나의 체계와 의미를 갖춰야만 하죠.

나는 그런 현실을 그대로 받아들이기로 결심했습니다. 그렇더라도 문제될 것은 없다는 확신이 있었죠. 그 결과 모든 수들을 묶어낼 수 있는 하나의 통일된 '수' 체계를 고안했습니다.

새로운 수는 기존의 수를 달리 보게 한다 ●

항상 새로운 수는 등장하게 됩니다. 이 새로운 수는 기존의 수와 구분되며 그 수에 어울리는 적절한 이름을 부여받게 됩니다. 이 과정에서 두 가지 문제가 중요해집니다.

첫 번째는 기존의 수와 새로운 수의 '차이'를 정확히 찾는 것입니다. 기존의 수와 새로운 수를 구별할 수 있는 정확한 기준을 찾는 것입니다. 이 기준을 통해 기존의 수는 새로운 명칭으로 불리기도 합니다.

두 번째 문제는 기존의 수와 새로운 수를 수라는 하나의 '동일성'으로 묶는 것입니다. 더욱 확대된 수 체계를 만들어가는 것입니다. 수가 두 개의 영역으로 나뉜다는 것은 있을 수 없는 일입니다. 반드시 하나의 체계로 묶여야 하죠. 이 과정에서 수의 의미는 변화를 거듭합니다. 이런 점을 고려해 지금까지 등장했던 수들을 정리해보겠습니다.

처음 등장한 수는 자연수였습니다. 그러다 양을 보다 엄밀하게 나타내기 위한 과정에서 분수가 등장하게 됩니다. 이 분수는 기존의 자연수와는 다르지만 자연수를 전제로 한 수입니다. 자연수에 분수라는 새로운 수가 추가된 것입니다.

그렇다면 자연수와 분수를 구분해주는 기준은 무엇일까요? 그것은 수가 나뉘느냐 나뉘지 않느냐 하는 것입니다. 분수가 나뉘는 반면에 자연수는 나뉘지 않습니다. 그러나 자연수란 명칭은 그런 의미를 전혀 포함하지 않습니다. 따라서 자연수란 명칭 대신에 나뉘지 않는 수란 의미를 포함하는 새로운 명칭이 필요해졌습니다. 그래서 정수란 말이 등장합니다.

정수는 자연수, 자연수의 음수 및 영을 통틀어 이르는 말입니다. 곧 …, −2, −1, 0, 1, 2, … 따위의 수이죠. 한자로 整數라고 쓰는데, 整은 '가지런하다'는 뜻입니다. 나뉘지 않았다는 겁니다. 정수라는 명칭은 분수와의 관계에서 자연수를 재정의한 것입니다.

이제 정수(자연수)와 분수를 통합하는 문제를 생각해봐야 합니다. 만약 정수가 분수에 포함된다면 수란 곧 분수를 의미하게 됩니다. 정수를 분수화하는 게 가능할까요? 가능합니다. 1이라는 크기를 여러 개로 쪼개서 모두 취한 분수라고 하면 됩니다. 그렇게 하면 모든 자연수를 분수로 나타낼 수 있습니다.

$$1 = \frac{1}{1} = \frac{2}{2} = \frac{3}{3} = \frac{4}{4} = \frac{5}{5} = \cdots$$

$$2 = \frac{2}{1} = \frac{4}{2} = \frac{6}{3} = \frac{8}{4} = \frac{10}{5} = \cdots$$

자연수를 분수화한다는 것은 자연수가 분수의 부분집합이 된다는 것과 같은 뜻입니다. 이렇게 함으로써 자연수와 분수는 아무런 모순 없이 하나의 수 체계로 통합되었습니다.

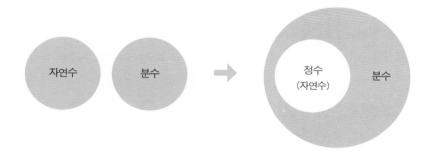

하지만 분수 역시 무리수의 등장으로 재정의됩니다. '나뉜 수' 란 뜻의 분수라는 명칭이 아닌 '비율이 있는 수' 란 뜻의 유리수로 다시 불리게 됩니다. 모두 무리수 때문이었습니다. 무리수에서 어려웠던 문제는 무리수와 유리수를 묶는 통합된 체계를 구축하는 것이었습니다. 두 수는 물과 기름처럼 섞이지 않아서 공통의 속성을 찾기가 어려웠기 때문입니다. 하지만 나중에 실선의 점에 일대일 대응하는 실수로 묶이게 됩니다.

음수의 등장은 모든 수를 양수, 0, 음수로 구분되도록 했습니다. 음수가 수로 편입되면서 기존의 모든 수들은 그렇게 다시 분류된 겁니다. 0과의 위치관계가 기준이 되었습니다. 수란 직선 상의 점으로 표현 가능한 것들의 집합이 되었죠.

실수(實數, real number)라는 개념은 허수의 등장과 더불어 더욱 명확해졌습니다. 실수와 허수를 가르는 기준은 '실재하는 양을 나타낼 수 있느냐 없느냐' 입니다. 실수는 수직선 상의 점으로 표현되면서 실재의 양을 나타낼 수 있었던 반면에 허수는 실재의 양과는 아무런 상관이 없는 상상의 수로 구분되었습니다

새로운 수의 등장으로 인한 구분과 통합

새로 등장한 수	새로운 '수 구분 기준'	기존의 수 명칭 변경	통합된 수 체계
분수 (쪼개지는 수)	나눠지는 수인가? 쪼개지는 수인가?	자연수 → 정수	분수(자연수는 1로 나눠진 분수)
무리수 (분수가 아닌 수)	비로 표현될 수 있는가?	분수 → 유리수	실수(실제 크기를 표현)
음수 (0보다 크지 않은 수)	수직선의 어디에 위치하는가?	분수, 무리수 → 양수	수직선에 표현되는 모든 수
허수 (제곱해도 0보다 작은 수)	제곱하면 0보다 큰가?	실수 → 허수부가 0인 복소수	복소수(모든 수를 포함하는 형식)

모든 수는 복소수에 포함된다 ●

이제 남은 것은 실수와 허수를 통합하는 겁니다. 이 두 수를 어떻게 통합할 수 있을까? 이것이 바로 내가 고민했던 문제였습니다. 나는 고

민 끝에 모든 수는 결국 세 가지 중의 하나에 속한다는 발견을 했습니다. $\sqrt{5}$처럼 실수로만 이뤄진 수, $3i$처럼 허수로만 이뤄진 수, $\sqrt{5}+3i$처럼 실수와 허수로 이뤄진 수! 그래서 이 모든 수들을 만들어낼 수 있는 하나의 표현 방식을 만들면 되겠다고 생각했습니다. 그것은 간단했습니다.

$$a+bi\,(a,\,b\text{는 실수})$$

위와 같이 표현하면 어떤 수이건 다 만들어낼 수 있습니다. 어떤 실수건, 어떤 허수건 만들어낼 수 있죠. 이렇게 함으로써 나는 수 체계의 통일이라는 꿈을 이루게 되었습니다.

나는 새로운 수를 복소수(複素數, complex number)라고 불렀습니다. 素는 본디 또는 바탕을 뜻하고, complex는 '복잡한, 합성한'의 뜻입니다. 실수와 허수라는 두 개의 바탕이 복합된 수라는 뜻입니다. 복

복소수 체계

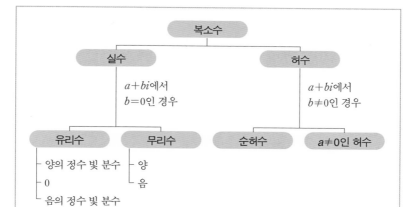

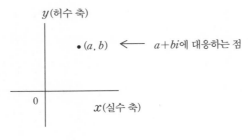

복소평면

소수는 일반적으로 $a+bi$(a, b는 실수)의 형태로 표현되는데, a를 실수부, b를 허수부라고 합니다. 이 형식은 실수와 허수의 조합으로 구성되는 모든 수를 포괄할 수 있는 일반형입니다.

이제 모든 수는 복소수라는 하나의 체계 안에 포함됩니다. 시기와 문명을 달리하면서 형성되었던 모든 수들이 하나의 질서 안에 자리잡게 된 것입니다. 그리고 복소수를 위한 좌표도 고안했습니다. 허수를 표시할 수 있는 축을 별도로 만들었습니다. 그것이 복소평면입니다.

복소수는 실수와 허수를 통합하려는 의도에서 탄생한 수입니다. 현실적인 필요라기보다는 수학적 필요에 의해서 고안되고 창조된 것이죠. 조화와 균형, 통일이라는 질서를 바탕으로 해서 지어진 서로 다른 수들의 정교한 건축물입니다.

복소수를 응용하다 ◉

나는 복소수를 응용하여 '대수학의 기본정리'를 증명했습니다. 이

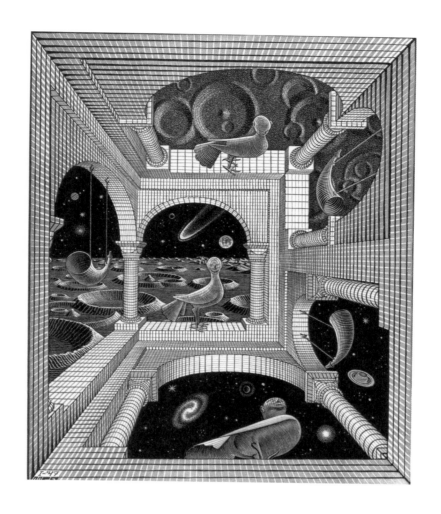

에셔, 〈다른 세계〉, 1947년

상대성을 주제로 한 에셔의 작품이다. 중앙에 정면으로 보이는 면은 벽이 되기도 하고, 바닥도 되며, 천장도 된다. 중력의 방향이 다른 여러 세계가 교차하며 하나의 세계를 이루고 있다. 복소수 역시 서로 다른 배경과 원리를 지닌 수들이 정교하게 얽혀 형성된 또 하나의 세계이다.

정리는 대수방정식의 근의 존재에 관한 정리로 n차의 대수방정식은 n개의 근을 갖는다는 것을 뜻합니다. 즉, 4차방정식은 네 개의 근을, 10차방정식은 열 개의 근을 갖는다는 겁니다. 1746년 달랑베르에 의해 이 정리는 발표되었으나 증명은 불충분했습니다. 다른 수학자들 역시 증명하지 못하다가 1797년에 저, 가우스가 엄밀한 증명을 제시했습니다. 그런데 이 정리는 복소수의 범위에서 완벽하게 증명이 될 수 있었습니다.

갈릴레이 │ 드디어 실수와 허수를 묶는 하나의 수 체계가 완성이 되었군. 진리란 결국 하나로 통하는 법이지! 이제 수의 역사도 끝이 났겠군.

복소수가 수상하다 ●

니체 │ 무슨 소리? 복소수 체계는 완전한 게 아냐. 물론 실수와 허수를 묶는 수 일반형과 복소평면을 만들어낸 것은 사실이야. 지금까지 발견된 모든 수들은 그 안에서 모두 표현 가능하지. 그러나 진정 두 체계가 하나로 묶인 것은 아냐. 그렇게 보일 뿐이지. 무슨 말이냐고?

무리수와 유리수는 처음에 전혀 다른 수였어. 하나로 묶일 수 없을 것 같았지. 그러나 나중에는 이 두 수에 의해서 연속적인 실수의 세계가 구성된다는 것을 알아냈어. 두 수 사이의 공통점을 찾아낸 거야. 하지만 복소수의 경우는 전혀 달라.

분명 복소수는 하나의 체계와 좌표를 갖고 있어. 그러나 실수와 허수를 하나로 묶는 공통점이 뭔가에 대해선 아무런 언급이 없어. 겉으로는 하나이지만 실질적으로 하나가 된 것은 아니야. 하나의 수 체계 완성이라는 목표 때문에 동거를 하고 있을 뿐이야. 급조한 냄새가 나.

그래서 난 수 체계는 완성되지 않았다고 생각해. 차라리 수 체계의 완성을 포기하는 건 어때? 그게 더 나을 것 같은데. 그냥 다양한 수들이 있는 거지.

복소수 이후로도 수는 계속된다 ●

부르바키 비록 허수나 복소수는 수학적 필요에 의해서 만들어졌지만 후대에는 물리학에서도 사용되었어. 19세기까지 만들어진 모든 물리학 이론에는 복소수가 필요치 않았지. 그러나 20세기가 되자 허수가 필요한 물리 이론이 등장하게 되었는데, 그것이 바로 양자역학이야.

양자역학이란 원자나 전자의 움직임 등, 눈에 보이지 않는 미시 세계의 현상을 지배하는 법칙을 말해. 그 기초를 이루는 방정식이 오스트리아의 물리학자 에르빈 슈뢰딩거가 만든 '슈뢰딩거 방정식'인데 이 방정식에는 허수 단위 i가 식의 첫머리에 나오지. 또 원자나 전자가 어디에서 발견되기 쉬운가도 계산에 의해 알 수 있는데, 이 확률은 복소수의 값을 가진 파동함수에 의해 표시된다더군.

그리고 놀라운 사실은 수의 세계가 끝나지 않고 계속된다는 거야. 복소수 이후로도 4원수, 8원수 같은 수 체계를 고안한 수학자가 있었지. 차원과 연산을 달리 정의하면서 복소수 체계를 확장시켜갔어. 아마 수학이 계속되는 한 수의 세계 역시 계속될걸.

'복소수 체계가 완전하지 않다'고 니체는 말했어. 형식은 하나가 되었지만 실수와 허수의 공통된 속성을 찾지는 못했다고 했지. 그런 의미로 본다면 니체의 말이 맞아. 실수와 허수 사이에 어떤 공통점이 있는지를 밝히지는 못했지. 하지만 생각을 달리하면 공통점이 없는 것도 아니야. 그런데 꼭 실수와 허수가 뭔가를 나타내야 하는 것일까? 이런 발상은 수가 양을 나타낸다는 고전적인 관념의 영향이야.

허수를 생각해봐. 허수가 뭔가를 나타냈나? 허수는 제곱해서 음수가 된다는 것 이외에는 아무런 의미가 없어. 그저 수학적인 기호와 약속일 뿐이야. 사실은 실수도 마찬가지야. 실수는 분명 실재하는 양을 나타낼 수도 있지만 아무런 의미가 없는 단순한 기호라고 볼 수도 있어. 오히려 그렇게 보는 게 맞지. 그런 점에서 실수와 허수는 공통점을 갖고 있는 거야.

수가 정의와 약속에 의해 만들어진 기호라는 점을 복소수는 솔직하게 잘 보여주고 있어. 실수와 허수 모두 마찬가지지. 정의와 약속은 얼마든지 만들어지고 수정될 수 있어. 이제는 수가 꼭 양을 나타내야 한다고 볼 필요도 없으며, 사칙연산만을 계산의 전부로 봐야 할 필요도 없어. 필요에 따라 얼마든지 창조해낼 수 있지. 수의 세계는 계속 창조될 거야.

니체 수를 얼마든지 창조할 수 있다! 꼭 수학자가 아니어도 할 수 있겠지? 그럼 우리의 수 공부는 어떻게 되는 거지? 언제까지 해야 하는 거야? 이 정도면 충분한 것 같은데 이제 끝내자. 이후의 공부는 각자 알아서 하기로 하고. 대신 지금까지 공부하면서 인상 깊었던 것들을 정리해서 발표해보는 건 어때?

부르바키 좋아 좋아. 수고한 자네들을 위해서 파티를 마련하려고 하네. 먹고 마시면서, 편하고 가벼운 마음으로 정리해볼까?

1. 6차 방정식 $(x-1)(2x-1)(x^2-3)(x^2+2)=0$의 해를 구해보세요. 자연수, 분수, 음수, 무리수, 복소수의 범위에 따라 해의 개수가 어떻게 변하는지 확인해보세요.

2. 두 복소수 $a+bi$와 $c+di$의 사칙연산은 어떻게 정의될 수 있을지 추론해보고, 확인해보세요.

3. 복소수가 형식적인 통합일 뿐, 진정한 통합이 아니라는 니체의 주장에 대해 어떻게 생각하세요?

4. 복소수가 수학의 안팎에서 어떻게 응용되고 있는지를 자세히 찾아보세요.

3

향연

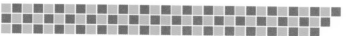

20

Let's party!

(부르바키의 첫 회의가 열렸던 작은 마을의 들판에서 파티가 열린다.)

유클리드 | 우물 안 개구리가 되지 말자! ●

으음…… 맛있는 냄새! 웃음이 가득하군. 다들 홀가분해진 표정이야. 이렇게 운치 있는 곳에 음식까지 가득한 걸 보니 옛날 생각이 나는군. 고대 그리스인들도 이런 비슷한 분위기에서 대화와 토론을 즐겼다네. 인생과 진리에 대한 심도 깊은 이야기를 나눴지.

난 수 공부를 통해서 많은 것을 배웠다네. 그리스인들은 수를 선분으로 표현하기를 좋아했었네. 그 이유는 무리수 때문이었지. 자와 컴퍼스는 수학의 필수적인 도구였어. 두 가지 도구만으로 작도하고, 각과 선분을 옮기고, 정리를 증명하면서 수학의 견고한 체계를 만들어갔다네. 수학은 그리스인들의 사유에 대한 자부심 그 자체였어.

그러나 알고 보니 그렇지가 않더군. 우리의 수학은 무리수라는 오묘한 세계를 정복하지 못하고 우회한 방법이었네. 만약 우리가 무리수를 피하지 않았더라면 우리의 수학은 그 모습을 달리했을 게야. 우리의 수학은 최선책이 아닌 차선책이었어. 매우 유익한 공부였어. 그래서 내가 수에 대해 정리를 좀 해봤네.

수	등장 배경	단위
자연수	대상을 세면서 등장	1
분수	1보다 작은 양의 표현	$\dfrac{1}{n}$ (n은 자연수)
소수	분수의 크기 비교와 계산	$\dfrac{1}{(10의 제곱수)}$
0	위치적 기수법	
음수	방정식 계산 과정	기존 단위에 방향 추가
무리수	피타고라스의 정리	자체가 하나의 단위 (정확한 크기는 모름)
허수	3차방정식 계산 과정	$i = \sqrt{-1}$
복소수	수의 체계 통일	$a + bi$ (a,b는 실수)

어때, 역시 정리 잘하지?

하지만 난 '우물 안 개구리'였다는 고백을 해야겠네. 투이아비가 했던 말이 맞았네. 난 사실 수도 모르는 투이아비를 미개인이라고 생각했었네. 그런데 내가 더 미개인이었더군. 투이아비! 미안하네.

허수는 자유와 해방이다!

난 수란 존재하는 어떤 양을 나타내야 한다고 생각했었네. 그 과정에서 수가 등장한다고 확신했었지. 그런데 수의 등장 경로는 그렇게 단순한 것이 아니었어.

자연수, 분수, 소수는 존재하는 양을 나타내기 위한 수였네. 그래서 우리에게 친근하고, 이해하기 쉬운 수이지. 그런데 그 자연수를 기록하기 위한 과정에서 0이란 독특한 수가 만들어졌네. 0은 아무것도 없는 양을 나타내려던 과정에서 만들어진 게 아니었어.

존재하는 양만을 표현하려고 했다면 더 이상의 수는 없었을 걸세. 그런데도 수는 계속 등장했네. 바로 수학 자체가 수를 낳은 거지. 음수와 허수는 방정식의 계산 과정에서, 무리수는 수학적 이론을 응용하는 과정에서 등장하게 되었네. 실수와 복소수는 수학적 이론의 아름다움을 높이기 위해 의도적으로 창조되었고. 이처럼 수란 다양한 경로와 목적을 배경으로 하여 형성된 수들의 집합이었어.

수는 반드시 0보다 커야 한다는 생각은 깨트려야 할 고정관념이었다네. 하지만 우리는 0이나 음수를 수로 받아들이지 않고 거부했지. 그런데 알고 보니 우리의 수에 대한 관념은 아주 초보적인 것이었어. 오히려 수학의 발전을 가로막은 제한조건이었네. 우리는 그 제한조건 내에서 수를 다뤄야만 했어. 그 테두리를 벗어나지 않도록 조심해야 했지. 이제 보니 그 세계가 참 답답했다는 느낌이 드네. 허수나 복소수는 그런 답답함을 깨트리며 인간의 사유에 해방과 자유를 던져주었네. 기괴

카라바조, 〈나르키소스〉, 1597~99년

나르키소스가 양손을 짚고 물에 비친 이미지를 바라보고 있다. 물에는 자신의 아름다운 모습이 반사되어 있다. 수 역시 이미지였다. 수는 대상의 크기를 비춰주고 재현해주는 이미지였다. 수라는 이미지가 너무나 아름다웠던 것일까? 나르키소스처럼 인간 역시 수를 잡으려다 수에 빠지고 만다.

에셔, 〈해방〉, 1955년

두루마리에서 풀릴수록 정삼각형은 새의 형상으로 변해가고 있다. 나중에는 새가 되어 자유롭게 날아
간다. 수는 존재의 '무엇'으로부터 변해 결국은 '존재' 자체가 되었다. 그리고 자유로이 날아갔다.

하고도 이상한 수로 생각되던 수들이었지만 실은 대단한 역할을 한 것이라네.

수는 대상의 크기를 나타내는 것으로 출발했네. 수는 대상의 양을 비춰주는 그림자였어. 그래서 수는 재현해야 할 '대상'과 대상의 충실한 재현이라는 '의무'를 지니고 다녔지.

자연수, 분수, 소수는 대상의 양을 충실히 재현하고 있는 수들이네. 대상은 수로, 수는 대상으로 환원 가능하지. 무리수, 음수도 경로는 조금 달랐지만 결국 대상의 양을 재현하는 기능을 부여받게 되었네. 그런데 허수는 어떤가? 허수의 등장은 수의 의미 면에서 단절이자 급격한 변화였네. 허수는 양을 나타내지도 않으며, 크기도 없고, 대상과 아무런 관계도 없네. 수의 역사적 전통 위에서 만들어졌지만, 역사적 전통에 전혀 속하지 않는 존재였지.

수는 더 이상 대상을 재현하기를 거부하네. '무엇인가의 재현'으로부터 독립하여 '무엇 자체'가 되어버렸지. 수는 '어떤' 것이어야 한다는 제한조건을 스스로 깨뜨려버렸어. 수학이 지지하고 수학이 필요로 한다면 그것은 얼마든지 수가 될 수 있네. 마음껏 생각하고, 마음껏 만들어낼 수 있게 된 거야. 인간의 사유에 해방의 날개를 달아준 셈이네.

니체 | 수, 무서워 말고 갖고 놀아보자! ●

깔끔한 정리 고마워. 역시 정리 하나는 끝내준다니까. 수의 역사를 해방과 자유라는 가치와 연결하는 창조적 사유까지 보여주다니 정말

세잔, 〈사과와 오렌지가 있는 정물〉, 1899년

사과를 담고 있는 그릇을 보라. 하나는 시점이 위이고, 하나는 측면이다. 시점이 하나가 아니다. 사과의 모양은 실제의 사과답지 않게 너무 동그랗다. 게다가 사과가 놓여 있는 천은 곧 아래로 흘러내릴 것만 같다. 입체감이 없이 매우 평면적이다. 세잔은 이처럼 대상 재현을 위한 원근법과 명암법을 거부했다. 대신 대상을 단순화하고 여러 시점을 부여하며 세잔이 '느끼고' '생각한' 대상을 그리며 현대회화의 문을 열었다.

감동적이야. 그런데 그러한 사건은 왠지 다른 분야에서도 찾을 수 있을 것 같아. 언어나 그림, 음악, 문학 등에서도 유사한 변화를 찾을 수 있지 않을까? 그림에서도 모양과 색채를 재현해야 한다는 고정관념을 던져버린 작품들을 많이 찾아볼 수 있어. 수학을 공부하면 세상을 이해할 수 있다던 유클리드의 말이 아주 틀린 것은 아닌 것 같군.

수란 무엇일까?

그런데 자네들은 수가 뭐라고 생각해?

아마 1, 2, 3, 4와 같은 것들이 수라고 답하는 사람이 많을걸. 물론 1, 2, 3, 4는 수지. 하지만 엄밀히 말하면 이것은 수의 예이지 수의 정의는 아니야. 그래서 난 사전을 찾아봤어. 이렇게 나와 있던데.

① 물건의 다소, 대소, 위치, 순서 등을 나타내기 위한 목적에서 생긴 자연수·정수·유리수·실수·복소수 등을 총칭해 부르는 말이다. (두산백과사전)

② 셀 수 있는 사물의 크기를 나타내는 값 (국립국어원)

그런데 난 이 정의에 만족할 수 없었어. 우리가 공부했듯이 복소수로 들어가면 다소, 대소, 순서, 크기는 수와 전혀 상관이 없어.

어떤 수학자는 수를 모든 집합들의 집합이라고도 하더군. 3은 원소가 셋인 모든 집합들의 집합이란 거야. 세 개의 사과가 모인 집합, 세 사람이 모인 집합, 세 개의 별이 모인 집합처럼 원소가 세 개인 집합들을 통해서 3이라는 수가 나왔다! 뭐 그런 뜻이야. 하지만 허수는 이런 식으로 설명할 수 없어.

그래서 난 나름대로 수에 대한 정의를 내려보려고 싶었어. 그런데 아무리 생각해도 떠오르지 않았어. 사전처럼 선언적으로 수에 대한 정의를 내릴 수 없었지. 대신 난 그 동안에 배웠던 수들을 정리하면서 각 수들이 지닌 공통적인 속성이 무엇인지를 찾아보려고 했어. 이것은 각 수들을 원소로 해서 집합 기호를 씌운 것과 같아.

$$\{자연수, 분수, 소수, 0, 음수, 무리수, 허수\} = ?$$

난 위의 식을 뚫어져라 보면서 생각해봤어. 그런데 역시나 실수와 허수의 공통된 속성을 찾기란 내 능력을 벗어나는 일이었지. 수학자들도 못 찾고 있잖아! 결국 난 이렇게 정의를 내렸어.

수란, '인간이 인식한 양을 나타내는 기호'와 '그 기호로부터 발전된 또 다른 기호들'이다.

난 이 정의에 대단히 만족해. 수란 기호인데 다만 양으로부터 출발한 기호들이지. 그것도 사물 고유의 양이 아니라 인간이 인식한 양이었어. 그러면서 난 수에 대한 정의를 찾는 것은 어려운 문제가 아니라 불가능한 문제라는 결론에 다다랐네.

'수란 무엇인가?'란 질문은 수를 먼저 규정하고 있어. 수가 이미 존재하고 있다고 보는 것이지. 수라는 게 딱 정해져 있고, 이미 모든 수가 밝혀졌다면 선언적 정의를 내릴 수 있을지도 몰라. 하지만 수의 역사는 계속되고 있어. 언제 어떤 수들이 튀어나올지 모른단 말이야. 그러니 수의 정의를 내리는 것은 불가능할 수밖에. 그러니 질문을 바꿔야만 해.

어떤 것들을 수라고 할까?

수라는 것 자체를 정의하지 않고 사용하는 방법은 어때? 산은 산이고, 물은 물이듯 수는 그저 수인 게지. 이런 용어를 '무정의 용어'라고 해. 복잡하게 따질 필요도 없고 좋잖아? 하지만 이 경우 너무 많은 수들이 돌아다녀 대혼란이 일어날 게 뻔해.

그렇다면 '어떤 것들을 수라고 할까?'를 묻는 건 어때? 이 질문은 수에 대한 자유로운 상상과 개입을 허용해. 어떤 것들을 수라고 할 것인가의 여부는 순전히 우리들에게 달려 있어. 보통 수라고 불리는 것들만을 수라고 할 필요는 없어. 수의 표현, 기능, 의미 등은 얼마든지 달라질 수 있거든. 너무 자의적인가?

하지만 수학계라고 해서 크게 다른 건 아냐. 허수를 봐. 허수는 실수의 공간에서 만들어졌고, 기존의 수가 갖고 있는 형식을 모두 갖추고 있기에 수라고 한 거야. 그만큼 수에 대한 상상력은 풍부해진 거지. 대소관계가 없는 허수! 멋지지? 그와 같이 우리도 얼마든지 수에 대해 자유롭게 상상할 수 있어. 그리고 그것을 수라고 부를 수도 있지.

하지만 어떤 것들을 수라고 할 것인지 그 규칙과 조건을 달아줘야 해. 그렇다면 먼저 기존의 수들은 어떤 구조를 갖고 있는지 한번 알아볼까? 이를 위해서는 복소수를 참고하는 것이 좋아. 복소수는 우리에게 낯설고 부자연스러운 수야. 그래서 객관적으로 바라보기가 더 쉽지. 자연수와 같이 너무나 친숙한 수들이 오히려 객관적으로 보기가 더 어려워. 게다가 복소수는 수의 최종적인 형태이기에 수의 구조를 확실하게 갖추고 있잖아.

'수는 정의로부터 시작된다'는 것이 가장 먼저 눈에 들어오는 점이야. 이제 수란 당연히 존재하는 것이 아니라 근거와 규정을 통해서 존재하게 돼. 제곱해서 음수가 되는 수라는 허수의 정의는 좋은 본보기야. 이와 같이 모든 수들도 정의를 통해서 만들어져야 해.

정의된 수들은 단위라는 형태로 구체화돼. 단위는 수의 정의를 최소한의 형태로 잘 표현해주지. 이 단위가 수의 원자야. 따라서 허수가 아닌 수들도 원칙적으로는 정의와 단위를 언급해줘야 해.

수의 계산 규칙도 모든 수들에 공통적으로 포함되어 있어. 가우스가 복소수를 만들면서 복소수의 사칙연산에 대해서 정의했다는 것 기억하지? 계산이란 다른 말로 하면 수들의 관계를 규정하는 것이야. 2, 3, 5는 $2+3=5$라는 관계가 있어. 수라면 기호가 정의되는 것에서 그치는 것이 아니라 기호들 간의 관계인 계산도 정의되어야 해.

수는 더 이상 양이 아니라 정의된 기호에 불과해. 수를 양으로 이해했을 때 1, 2, 3, 4, …와 같은 자연수와 $1+1=2$와 같은 계산은 별도의 설명 없이 직관적으로 이해 가능한 것이었어. 그러나 이젠 자연수도, 그 계산도 당연히 정의되어야만 해.

이탈리아의 수학자인 페아노는 자연수를 이론적으로 확립해야 할 필요성을 느껴 '페아노의 공리계'(1895~1905)를 발표했어. 그는 자연수 집합이 1을 기본으로 하여 그다음의 자연수를 계속해서 나열한 것이라고 생각했지. 그리고 이 아이디어를 논리적으로 정확히 다듬어서 자연수를 이끌어냈어.

화이트헤드와 러셀은 페아노의 공리계를 이용하여 $1+1=2$라는 식을 증명(1910~13)했지. 양의 개념으로 보면 너무나 당연한 $1+1=2$라는 식도 논리적으로 증명되어야만 했던 거야. 참 어렵지? 그들은 허수처럼 모든 수학을 정의와 논리를 토대로 해서 구축하려 했어. 페아노와 화이트헤드, 러셀의 시도가 비슷한 시기에 이뤄졌다는 것은 당대의 시대정신이 그랬다는 것을 말해주는 거야.

수를 수 되게 한 것

수에 관해 한 가지 더 밝히고 싶은 게 있어. 수는 인간의 언어 중 가장 논리적이고 엄밀한 언어로 여겨지고 있어. 정의와 기호, 계산규칙 등에 의해 수는 완전한 체계를 갖추게 되었어. 하지만 우리는 수가 원래 그런 것이었다기보다는 의도적이고 치밀한 작업을 통해 그렇게 되었다는 것을 알아야 해. 분수를 소수로 바꾸는 과정, 무리수를 유리수로 바꾸는 과정에는 무한이라는 마법이 동원됐어. 그 마법은 불가능을 가능으로 만들어버렸어. 실수와 허수를 묶어 복소수로 만든 것이나 정교한 계산규칙을 만든 것도 상당히 의도적인 것이었지.

도대체 무슨 의도가 이런 것들을 가능하게 했던 것일까? 난 하나의 완전하고도 닫힌 체계를 구축하려는 인간의 욕망이었다고 생각해. 완전하면서도 닫힌 체계라는 것은 어떠한 공백과 여백도 없다는 뜻이야. 그런 체계에서는 모든 대상을 완벽하게 파악하고 추적하며 인식할 수 있지. 인간 인식의 이상향이야.

이것을 추구한 인간에게 수는 그 체계에 가장 근접한 언어로 보였을 게 뻔해. 그런데 수에도 공백은 있었지? 당연히 인간은 이러한 수의 공백과 여백을 메우고 싶었을 거야. 무한 과정과 확장된 수 체계의 고안이라는 아이디어는 그래서 나오게 된 거야. 그렇다면 그러한 공백과 여백은 진짜 메워진 거야 아니면 메워진 것처럼 보이는 거야?

어린왕자 | 진리란 꼭 단순한 것만은 아니더라 ●

니체 아저씨는 참 생각이 많으시군요. 단순하게 보고, 단순하게 생각하며, 단순하게 사는 것도 괜찮지 않을까요? 아, 제가 그런 말 할 자격이 없다는 걸 깜빡했네요. 진리란 꼭 단순한 것만은 아니던데.

수가 참으로 유용하다는 것은 저도 알고 있었어요. 저 역시 수를 사용했었죠. 해가 몇 번이나 지는지, 사람이 얼마나 많은지, 거리가 얼마나 되는지를 알려고 할 때 그리고 소행성을 구분할 때. 수란 모호한 것을 분명하게 알려주는 재주가 있는 것 같아요. 그래도 전 수를 별로 좋아하지 않았어요. 사실은 싫어했죠. 왜냐고요?

저는 수란 보이는 세계를 위한 언어이고, 그렇기에 사람들이 보이는 세계에 더 집착하게 한다고 생각했어요. 그래서 전 항상 사람들에게 보이는 것이 전부가 아니라고 알려주고 싶었어요. 때론 보이지 않는 세계가 보이는 세계보다 더 중요한 경우가 있어요. 몸의 아픔이 마음 때문에 발생하는 경우도 많아요. 하지만 사람들은 보이지 않는 세계를 보이지 않는다는 이유로 별로 중요하게 생각하지 않아요.

하지만 수에 대해 오해했던 것 같아요. 수는 그저 기호일 뿐이에요. 대상과 무관한 언어이죠. 설사 대상과 관련을 짓더라도 수 역시 보이지 않는 세계를 다루고 있어요. 음수와 0을 보면 알 수 있죠. 그래서 제가 음수와 0에 특히 눈길이 갔던 것 같아요. 수를 너무 단순하게 봤던 게 조금 부끄럽네요.

음수와 0은 제게 매우 유익한 도구가 될 수 있어요. 보이지 않는 세계를 확실하게 보여주고 깨우쳐줄 수 있잖아요. 수에서는 이미 보이지 않는 세계마저도 보이는 세계와 똑같이 다루고 있었어요. 허수는 더욱 멋져요. 마음의 세계, 생각의 세계를 하나의 현실로 인정해주잖아요. 이 사실을 좀더 일찍 알았더라면 난 음수, 0, 허수를 보다 효과적으로 사용했을 거예요. 가까이 있었는데 먼 산만 쳐다보고 있었나봐요.

그런데 놀라운 것이 또 있어요. 인간은 처음 가시적인 세계의 양을 인식하기 시작했어요. 셈과 측정이라는 방법을 통해 자연수, 분수, 소수가 만들어졌죠. 그러나 나머지 수들은 모두 계산이나 수학적 이론의 과정에서 등장하여 사람들을 당황하게 했어요. 하지만 수로 인정받으면서 인간 인식의 영역을 확장시켜줬어요.

무리수는 셈과 측정의 한계를 드러내면서 인간이 '연속적'인 세계를 인식할 수 있게 해주었어요. 0과 음수는 비가시적 세계를 인식하게 해주었고요. 허수는 인간 인식의 방향성을 보여주는 것 같아요. 인식의 세계는 '세계에 대한 인식'에서 '세계와는 무관한 독립적 인식'의 세계로 흘러가게 되었어요. 인식의 세계란 '근본적으로' 세계와는 다른 세계라고 할 수 있어요. 하지만 이 인식의 세계는 실재의 세계와 끊임없이 영향을 주고 받아요.

현실은 수를 만들고, 수는 다시 현실을 만든다

수학이라는 인식의 세계가 없었다면 무리수, 0, 음수, 허수 등은 등장하지 않았을 수도 있어요. 만약 그랬다면 우리는 현실 세계에 그렇게 다양한 양이 존재하리라는 것을 인식하지 못했을 거예요. 심지어는 보이는 현실 세계마저도 제대로 인식하지 못했을 거예요. 그 사실마저도 몰랐겠죠.

현실을 통해서만 인식의 세계가 형성되는 것은 아니에요. 때론 인식 자체가 또 다른 인식을 낳기도 해요. 그렇지만 이런 인식들이 현실과 전혀 무관한 것이 아니에요. 미처 보지 못한 현실의 새로운 면을 보여주거나 현실의 문제를 풀어가는 실마리를 제공하기도 하죠. 공부도 할 필요가 있는 것 같아요.

드가, 〈거울 앞〉, 1899년

거울 앞에서 여인이 머리를 매만지고 있다. 어디에 누구를 만나러 가려는 것일까? 꽃단장하며 자신을
아름답게 꾸미고 변화를 주고 있다. 인간은 거울을 만들었다. 그러나 거울 또한 이렇게 인간을 다시금
변화시킨다. 수 역시 마찬가지다. 인간은 수를, 수는 다시 인간을 만든다.

갈릴레이 ┃ 수는 만병통치약이 아니다. 조심하자! ●

어린왕자가 공부를 해야겠다고 하다니 내가 잘못 들은 건 아니겠지?

현실만을 바라보고, 현실 속에서 열심히 산다고 해서 현실을 잘 아는 것은 아니란다. 오히려 현실에 갇힌 꼴이 되기 십상이야. 인간에겐 이성이란 게 있지. 이성을 잘 활용하면 현실을 보다 잘 이해할 수 있게 된단다. 공부란 이성을 잘 활용할 수 있는 연습을 하는 거야.

내게 가우스는 매우 특별한 존재로 보였어. 모든 수를 복소수로 통합한 가우스의 시도가 성공적이었다고 난 생각해. 어떤 수도 복소수의 표현방식을 벗어나지 않지. 모든 현상을 완벽하게 설명해내는 하나의 법칙을 찾아낸 거야. 그게 바로 공부하는 보람이지.

나 역시 자연의 많은 현상을 설명할 수 있는 법칙을 찾고자 했어. 특히 수나 수식으로 표현하고자 했지. 하지만 당시 수 체계는 불완전했어. 통일된 체계를 이루지도 못했지. 음수나 무리수, 무한과 같은 수들이 여기저기서 튀어나와 곤혹스럽게 하곤 했어. 그런 수들 간의 관계에 대한 지식도 빈약했고. 하지만 난 우리의 공부를 통해 그런 수들도 잘 이해할 수 있게 됐어. 난 그 가운데서 특히 실수에 주목했어.

실수의 특징과 활용

실수는 실재하는 양을 나타낼 수 있는 수로서, 실선에 점으로 표시되는 수들이야. 수직선 상의 점이 무한하며 연속하듯 실수 역시 무한하며 연속하지. 그렇기에 자연현상을 완벽하게 설명할 수 있어. 뉴턴도 우주가 무한하며 연속한다고 생각했지.

모든 실수는 수직선의 점과 일대일 대응을 해. 따라서 서로 다른 수는 서로 다른 점에 대응하지. 서로 다른 두 점이 같은 수로 표현된다거나, 서로 다른 수가 같은 점에 대응할 수는 없어. 위치가 다르면 수도 달라. 하나의 대상은 오직 하나의 수로만 표현돼.

이렇게 대상을 실수로 옮겨놓는 것만으로도 중요한 효과를 거둘 수 있어. 모든 대상들 간의 관계를 자동적으로 알 수 있지. 모든 대상들에는 반드시 '크다', '작다', '같다' 중 하나의 대소 관계가 존재하게 돼. 이 점이 바로 근대 문명에서 수가 각광받게 된 큰 요인이었어.

게다가 실수는 음수를 포함하고 있어서 계산하는 데 자유로워. 덧셈, 뺄셈, 곱셈, 나눗셈을 실수의 범위에서는 자유자재로 할 수 있어. 실수 내에서의 사칙연산 결과는 실수를 벗어나는 법이 없어. 이것을 '닫혀 있다'고 하지. 실수는 사칙연산에 닫혀 있어.

그런데 다양한 종류의 실수를 계산하다 보니 그들만의 공통점이 또 보이더군. 그것은 어떤 실수이건 제곱하면 항상 0보다 같거나 크다는 거야. 모든 실수는 양수, 0, 음수 중 하나에 포함돼. 그런데 양수든 음수든 똑같은 수를 제곱하면 반드시 0보다 커. 음수 곱하기 음수는 양수니까.

실수가 사칙연산에 닫혀 있기에 수의 무한 활용이 가능해. 계산을 통해 나온 수가 미지의 대상을 지시할 수도 있기 때문이야. 만약 그렇다면 단지 수를 통해 몰랐던 실재의 세계를 보지 않고도 알게 되는 거지. 대상에 대한 추적 및 예측이 가능해져. 실례를 하나 들어주지.

티티우스-보데의 법칙이라고 들어봤어? 수학 교수이자 아마추어 천문학자였던 독일의 J. D. 티티우스가 1766년에 발견한 법칙이야. 지구를 포함하고 있는 태양계 행성의 궤도에 관한 식인데, $d = 2^n \times 0.3 + 0.4$라고 표시하지. 여기서 d는 행성의 궤도 반지름을 뜻해. 이 식에

$n=-\infty$, 0, 1, 2, 3, 4, 5, …를 차례로 넣으면 0.4, 0.7, 1, 1.6, 2.8, 5.2, 10, …라는 수열이 나와. 이 값은 수성, 금성, 지구, 화성, 소행성, 목성, 토성, …의 궤도반지름의 비를 나타내.

티티우스가 이 법칙을 발견할 때는 소행성 세레스(Ceres)와 나머지 행성인 천왕성, 해왕성이 발견되지 않았어. 천문학자들은 화성과 목성 사이에 틀림없이 다른 행성이 있을 것이라고 예견했지. $n=3$일 때의 값인 2.8의 위치에 말이야. 그런데 놀랍게도 바로 그 자리에서 1801년 1월 1일 이탈리아의 G. 피아치가 소행성 세레스를 발견했어. 예견이 맞았다는 걸 증명한 셈이지. 대단하지? 보지 않고도 알 수 있다니.

수를 무턱대고 사용할 수는 없어

난 처음 수의 유용성에 대해 추호의 의심도 하지 않았어. 나뿐만 아니라 유럽의 근대인들 대부분이 그랬지. 수란 현실과 동일한 그림이라고 생각했어. 하지만 꼭 그런 것은 아니더군. 수의 세계는 현실을 수의 입맛에 맞게 적절히 조절해서 탄생한 또 다른 세계이지, 있는 그대로의 현실이 아니었어. 이런 면에서 본다면 허수는 참 정직한 수야. 수란 현실과는 아무런 상관이 없다는 것을 솔직하고 적나라하게 보여주고 있잖아?

그래서 난 수를 현실에 활용하는 문제에 대해서 심각하게 고민해봤어. 더 이상 수를 무턱대고 사용할 수는 없어. 수는 만병통치약이 아니야. 양수의 반대편에 음수가 자리하고 있듯 수의 음수적 이미지가 있다는 것을 알게 됐지. 어린왕자나 모모는 그걸 확실하게 깨닫게 해줬어.

수의 세계에서 모든 대상들은 동질화돼. 섬세한 다양성의 세계가 거

대한 동일성의 세계로 탈바꿈하게 되지. 그 결과 현실은 완전히 규칙적인 세계로 변하게 돼. 그렇기 때문에 계산도 가능할 수 있는 거야. 하지만 현실의 모든 일들이 계산 가능할지 의문이 들어. 난 내가 지동설로 종교재판을 받게 되리라고 전혀 예측하지 못했어. 그럴 줄 알았다면 내가 지동설을 발표했을지 의심스럽군.

수의 이런 규칙성은 현실의 세계를 오히려 닫힌 세계로 만들어버릴 수 있어. 물론 닫힌 세계가 꼭 나쁜 것만은 아냐. 그러나 규칙은 자칫 굴레로 탈바꿈할 수 있지. 규칙이란 지켜져야만 한다고 여겨질 경우 그럴 수 있어. 규칙대로만 살아야 하고, 삶의 모든 방식이 이미 규정되어 있다고 생각해봐. 얼마나 답답한 세상이 되겠어?

모모나 어린왕자는 이런 답답한 사회를 고발했어. 닫혀 있으니 답답할 수밖에! 수 때문만은 아니겠지만, 수와 상당한 관련이 있다는 건 확실해. 따라서 우리는 수를 활용할 때 좀 더 신중해야 해. 수가 갖고 있는 긍정성과 부정성을 함께 고려해야 하지. 또한 어떠한 사회에서 살고 있는지, 어떤 사회에서 살고 싶은지를 먼저 따져봐야 해.

투이아비 | 사람 나고 수 났지, 수 나고 사람 났나? ●

그럼, 그래야 한다. 갈릴레이의 말에 전적으로 동감한다. 수를 아무렇게나 사용해서는 안 된다. 왜냐고? 수를 사용하면 자연스럽게 순위를 매길 수 있게 된다. 난 이 점이 매우 인상적이었다.

수는 일상에서 개수를 셀 때 많이 쓰인다. 수는 보이는 것을 다루기에 틀림없이 맞다고 생각한다. 상당히 객관적이라는 인상을 준다. 그래서 수를 많이 사용하려 한다. 그런데 수는 수가 보여주는 순위도 객관적이라고 생각하게 한다. 대상에 대한 가치판단마저도 객관적이라고 생각하게 한다.

빠빠라기의 사회에서 IQ란 걸 봤다. 그 사람이 얼마나 똑똑한가를 나타내주는 것이란다. IQ가 두 자리면 멍청한 것이다. IQ가 높아질수록 지능이 높다고 한다. 어른들은 자기 아이가 얼마나 똑똑한지 알고 싶어한다. 그래서 아이에게 그 검사를 꼭 받게 한다. 높게 나오면 천재라며 좋아한다. 나도 사모아 섬에서 똑똑하단 소리를 듣고 자랐다. 그래서 기대감을 갖고 그 검사 받아봤다. 결과는 실망스러웠다. 내 IQ는 한 자리였다. 뭔 말인지 몰라서 아무거나 찍었기 때문이다. 그런데 그날 이후 사람들이 나를 무시했다. 어린이들도 그랬다. IQ가 한 자리라며 놀렸다. 수 때문에 그렇게 됐다.

수를 사용하면 이런 일이 저절로 생긴다. 그래서 사람들은 수에 더욱 집착한다. 그러다가 결국 수의 지배를 받게 된다. 아무리 봐도 내 눈엔 이상한 일이다.

그런데 수를 제어하며 사용하는 게 가능한가? 쓰고 싶은 대로만 쓰면서 수를 다스릴 수 있난 말이다. 그건 불가능하다. 사람의 욕망은 마음먹은 대로 조절되지 않는다. 한번 터진 욕망의 불길은 점점 거세어진다. 불필요한 욕망의 불씨는 아예 제거하는 게 지혜롭다.

난 계속해서 수가 없는 사회를 선택하겠다. 수가 없는 우리 사회가 너무 자랑스럽다.

수는 양을 나타낸다. 정확하게 나타내기 위해 수는 발전했다. 그런데 그게 그리 중요한 일인가? 조금 더 주고, 조금 덜 받는 거 중요하지 않다. 나와 다른 사람이 서로 주고받으며 소통한다는 것이 중요한 거다. 숲은 못 보고 나무에만 집착하는 거다. 꼴이 우습다. 우선순위가 완전히 뒤바뀌었다.

또 수는 세상을 이해하기 위한 언어라고 했다. 세상을 이해한다는 것 역시 그렇게 중요한가? 행복하게 살아가는 데 정말 중요한 것은 무엇인가? 그건 다른 사람과, 자연과, 위대한 마음과 하나되는 것이다. 하지만 수는 하나되는 것을 방해할 뿐이다. 모르겠나?

수는 분리의 언어다

세상을 이해하기 위해서는 세상을 관찰해야 한다. 관찰할 때는 적절한 거리를 두어야만 가능하다. 딱 달라붙어서는 불가능하다. 수를 세기 위해서는 대상과 분리가 되어야 한다. 수는 분리의 언어다. 합일의 언어가 아니다.

분리는 우리에게 불안감과 외로움을 주기 쉽다. 사람이란 다른 존재와 하나될 때 극한의 기쁨을 맛보게 된다. 난 그걸 잘 안다. 우린 가끔 축제를 연다. 축제 때 사람들 간의 거리는 없어진다. 위대한 마음이신 신과의 거리도 없어진다. 완전한 하나가 된다. 그때는 기쁨으로만 가득하다. 수가 자리잡을 틈은 어디에도 없다.

그런 분리는 대상의 내부에서도 일어난다. 수는 단위로 구성된다. 중요한 것은 단위다. 대상이 아니다. 대상은 단위에 의해서 더 잘게 쪼개지며 분리된다. 정신을 바짝 차리지 않는다면 대상을 놓치고 만다. 수만 남고 대상은 온데간데없이 사라진다. 그 많은 수들이 무엇을 나타내는지 난 모른다.

수는 하나의 부수적인 도구다. 그런데 수를 사용하다 보면 수가 목적이 된다. 수가 주인 노릇 한다. 그래선 안 된다. 원래의 목적에 따라 수를 제자리에 둬야 한다. 그게 어려우면 수를 사용하지 말아야 한다. 그 선택권이 우리에게 있다.

모모 | 수는 수일 뿐, 오해하지 말자! ●

수에 대한 선택권! 멋져요. 그걸 다시 찾을 수 있어야 할 텐데. 하지만 수에 대한 선택권을 행사한다는 게 쉬운 일은 아니에요. 수가 광범위하게 사용되고 있는 곳에선 더더욱 어렵죠. 수란 너무나 일상적이며 보편적인 것이 되어버렸어요. 따라서 수를 삶으로부터 분리시켜 '성찰' 해본다는 건 너무 고단한 작업이에요. 광범위하다는 것 말고도 수에 대한 성찰이 어려운 이유를 더 말해볼게요.

수는 일정한 성질을 갖고 있어요. 수를 사용하면서 그런 성질은 우리에게 익숙해지고, 우린 수처럼 생각하고 사고하게 돼요. 수는 이미 우리 안에 들어와 있어서 수를 분리시켜, 달리 보기가 힘들어요.

시간은 흘러가고, 언제나 똑같다?

사람들은 흔히 시간이 흘러간다고 말해요. 과거로부터 현재를 거쳐 미래로 흘러간다고 하죠. 이것을 가장 단적으로 보여주는 것은 달력이에요. 하루하루 지나면서 날짜는 바뀌어요. 한번 지나간 날짜는 영원히 돌아오지 않죠. 2010년 12월 31일이라는 오늘이 지나면 2011년 1월 1일. 이제 2010년 12월 31일은 과거가 돼요. 추억 속에서만 존재하죠.

시간에 대한 일반적인 관념은 수와 밀접한 관련이 있는 것 같아요.

수 중에서 특히 유리수, 음수와 관련이 있죠. 유리수는 단위를 정한 후, 전체를 단위들의 합으로 나타내요. 전체는 순서가 있는 단위들의 합이 되죠. 이런 방식은 시간에 그대로 적용되었어요.

시간을 보세요. 초, 분 등의 단위를 통해서 시간은 측정돼요. 이제 시간이란 측정 가능한 것이 되었을 뿐만 아니라 순서도 있게 되었어요. 시간은 과거로부터 현재, 미래로 흘러가는 것이라는 등식이 자연스럽게 형성된 것이죠.

음수는 시간에 방향성을 확실히 부여해줘요. 현재는 좌표 상의 한 점이 되고, 그로부터 양수(+)는 미래가 되고 음수(−)는 과거가 되죠. 이렇듯 유리수와 음수는 우리에게 시간이란 그런 것이라고 생각하게 만들어요.

그런데 과연 시간이란 흘러가는 것일까요? 과거는 이미 지나간 것이고, 미래는 아직 지나지 않아 남아 있는 것일까요? 시간은 흘러가는 것일 수도 있어요. 전 그게 틀렸다고 하는 게 아니에요. 다만 그게 시간에 대한 전부가 아니라는 거죠. 시간에 대한 또 다른 속성을 찾을 수는 없을까요? 전 시간에 대해 달리 생각해볼 수 있었어요. 그것도 수를 통해서!

시간은 연속해요. 연속에 잘 어울리는 수는 유리수가 아니라 무리수예요. 무리수가 어떤 수였는지 떠올려보세요. 우린 무리수의 정확한 크기, 위치, 단위를 몰라요. 정확한 분할도 불가능해요. 그렇게 본다면 우리는 현재의 시각도 정확히 알 수 없고, 시각과 시각 사이의 시간도 정확하게 측정할 수 없어요.

결론적으로 말하면 유리수적인 방식에 근거한 시간 인식은 근사적이라는 거예요. 연속적인 성질에 대해서는 전혀 설명을 못 해요. 시간에 대한 우리의 접근에는 많은 한계가 있다는 뜻 아닐까요?

만약 시간이 분절할 수 없는 그 무엇이라면 어떻게 될까요? 시간은 측정도 안 될 뿐만 아니라 순서가 있는 것도 아니에요. 과거, 현재, 미래도 따로 있는 게 아니죠. 시간에 대해 보다 통합적이면서도 다른 접근도 충분히 가능해요.

유리수가 시간의 의미를 고정시키는 면은 또 있어요. 시간이란 언제 어디서나 동일한 것이라는 거예요. 어제나 오늘이나, 기쁠 때나 슬플 때나 1시간의 길이는 똑같죠. 하지만 사람들에게 시간은 꼭 그렇지만은 않아요. 오랜 시간이지만 짧은 기억으로 남는 경우도 있고, 순간의 경험이지만 영원히 긴 시간으로 남기도 하죠. 시간이란 항상 동일하거나 고정적인 게 아니에요.

여기 모인 우리들을 살펴보세요. 여기엔 기원전부터 20세기에 이르기까지의 다양한 사람들이 모여 있어요. 시간과 공간을 초월하여 존재하죠. 그게 가능할 수 있었던 것은 생각 때문이었어요. 우리는 생각에 따라 시간과 공간을 얼마든지 초월할 수 있어요. 수에 따랐다면 어림도 없었겠죠.

1. 수 공부를 통해 여러분이 느낀 점이나 수에 대한 여러분의 입장이나
   생각을 정리해보세요.

2. 수에 대한 '여러분의' 정의를 내려보세요.

3. 허수는 대상의 재현이라는 고유의 역할로부터 자유로워졌습니다. 세잔 이
   후의 현대회화에서도 허수와 같은 사건이 발생합니다. 허수와 관련하여 현
   대회화를 감상하고 해석해보세요.

4. 수에 의해 대상의 성질이 분명해진 사례와 수에 의해 대상의 성질이 고정되었
   다고 할 만한 사례를 찾아보세요.

수야
나와라 ～ ～

사과를 요구하다 ●

니체 ┃ 우리의 만남은 참으로 아름다웠어. 즐겁고 유익하기도 했고.
우리 모두를 위해 건배!!!

이제 흥겹게 파티를 즐겨보세. Let's party, together! 그런데 유클
리드! 자네 나한테 뭐 할 말 없나?

유클리드 ┃ …… 갑자기 무슨 얘기야?

니체 ┃ 정말 모른단 말인가? 시치미 떼지 말게. 나한테 사과할 게 있
을 텐데.

유클리드 ┃ 아～～ 맞다 맞아. 깜빡 잊을 뻔했군. 자, 이거 받아.

니체 허허허. 장난하냐? 자네 많이 늘었군. 딴 청 피우지 말고 얼른 다른 사과 주게!!!

갈릴레이 무슨 일이야? 뭔 일이 있었어?

니체 유클리드! 내 입으로 이야기할까? 내가 유클리드의 수업을 들으러 갔을 때 일이네. 그때 내가 유클리드한테 얼마나 무시당했는지 모를 걸세. 그림과 수를 가지고 장난친다고 노발대발하더군. 도시의 모습을 그린 그림을 보고 혓바닥을 내밀고 있는 할아버지를 보여줬고, 수의 계산식을 보며 똥이라고 말장난을 좀 쳤거든. 난 재미있으라고 했는데, 유클리드는 그림과 수를 모독했다고 노발대발이지 뭐야. 그래서 미안하다고 사과했지.

한데, 수 공부를 하고 나니 내 장난이 굉장히 높은 수준의 유희였다는 것을 알게 되었네. 수란 단지 기호일 뿐일세. 그림도 꼭 대상을 그리란 법이 없어. 전혀 다른 의미를 가질 수 있지. 그렇게 본다면 내 장난은 전혀 문제가 없었어. 그땐 그걸 몰라서 당했지.

그 그림을 그린 마그리트라는 화가는 유클리드의 해석과는 반대로 대상과 기호가 일치하지 않을 수도 있다는 문제의식을 표현한 것 같네. 그림을 치우더라도 그림과 전혀 다른 대상이 보일 수 있다는 거야. 대단한 화가임에 틀림없어.

유클리드 그땐 미안했어. 그래도 자넨 나한테 감사해야 해. 내가 그때 그렇게 하지 않았다면 여기까지 오지도 않았을 거 아닌가?

니체 허허허. 알았네. 고맙네.

작음과 우연을 달리 보다 ●

어린왕자 ┊ 두 분의 사소한 일이 커져서 이처럼 많은 사람들의 이야기가 만들어졌네요. 1이라는 작은 수가 100, 1000과 같은 큰 수가 된 것처럼. 1이라고 무시하면 안 돼요. 그러면 1은 반란을 일으킨답니다. 제가 어른들에 대해 그랬던 것처럼. 1은 반복을 통해 무수히 많은 자연수를 만들어내죠. 수에서라면 1은 언제나 크기가 고정되어 있지만, 현실에서 1은 고정되어 있지 않아요. 변화무쌍함과 다양함, 무궁무진함을 품고 있죠. 작다고 어리다고 무시하지 마세요.

갈릴레이 ┊ 그럼. 그 어떤 어른도 깨우쳐주지 못한 걸 어린왕자 네가 깨우쳐주는구나. 100이라고 1을 무시하면 안 돼. 비록 1000이 더 큰 수이지만, 1000이나 1의 길이 안에 포함되어 있는 점의 개수는 똑같아. 모두 무한이야. 너와의 우연한 만남을 잊지 못할 거다.

사실 난 항상 필연과 정확한 인과관계를 좋아했었단다. 그것이 내겐 신비로움이었지. 그런데 너로 말미암아 우연을 사랑하게 되었어. 필연적 세계에서 우연은 철저히 배제되어야 해. 어떤 예외나 우연적인 사건도 있어서는 안 돼. 하지만 우연성과 예측 불가능성 또한 삶을 더욱 신비롭게 하고 즐겁게 만들더구나.

모모 ┊ 브라질에 있는 나비의 날갯짓이 미국에 토네이도를 발생시킨다는 말이 딱 맞는 것 같아요. 그렇게 본다면 어느 것 하나라도 무시하거나 소홀해서는 안 되겠죠. 그런데 솔직히 말하면 우연과 예측 불가능성의 또 다른 이름은 혼란과 불안일 수 있어요. 그럴 경우 무얼, 어떻게 해야 할지 몰라 당황하는 경우가 많죠. 그렇지 않나요? 투이아비!

투이아비 ┊ …… 그렇기는 하다. 살아가면서 우리는 끊임없이 무언가를 해야만 한다. 선택하고 결정해야 한다. 그런데 무턱대고 하면 안 된다. 되는 대로 하다간 일을 망친다. 고생한다.

유클리드 | 그렇지. 우연만으로 산다는 것도 피곤한 거야. 이때 수학의 논리라는 게 유용해. 논리라는 게 별 거 아냐. 이유와 과정을 꼼꼼히 따져보는 거야. 일의 순서를 잘 짜거나, 선택을 해야 할 때도 논리는 많은 도움을 줄 수 있어.

그런데 우린 수의 세계에 공백과 여백이 있다는 것을 알고 있네. 논리도 마찬가지야. 모든 것을 논리적으로 따질 순 없지. 그래도 우린 노력을 해야 하는 것 아닐까? 우연 안에서 또 필연을 찾아봐야 해. 수학에서도 우연을 다룬다네. 확률이나 통계 같은 게 그런 거야. 수학은 우연마저도 잡아보고 싶은 거야.

수를 불러내다 ●

니체 | 잡느냐 잡히느냐 그것이 문제로군. 어이, 베르메르! 우리의 우연을 영원히 간직할 그림 하나 그려줘! 모두 모여 포즈를 잡아보게.

베르메르 | …… 그런데 어쩌지. 지금 난 그림을 그릴 수가 없어. 미안해. 난 그림 하나가 완성이 안 되면 다른 그림을 그릴 수가 없는데, 지금이 딱 그런 상태야.

모모 | 무엇을 그리고 계시는데요? 빨리 마무리 짓고 우리 좀 그려주세요.

베르메르 | 아직 시작도 못 하고 있어. 그런데 그걸 포기할 수도 없다는 게 문제야. 그걸 그려야겠다는 생각이 나를 완전히 사로잡고 있어.

이게 다 자네들 때문이야.

난 우연히 자네들과 함께 하게 되었네. 자네들의 이야기를 듣다 보니 재미있어서 묵묵히 따라왔지. 그러면서 난 수를 그려봐야겠다는 생각을 했어. 처음엔 쉽게 될 줄 알았어. 1, 2, 3, 4와 같은 숫자를 적절히 배치하면 될 거 같았거든. 1, 2, 3이 수라고 생각했었어.

그런데 공부를 하다 보니 그게 아니더군. 그림을 다시 구상해야 했어. 다시 구상하기 위해 난 공부에 열을 올렸어. 수를 알아야 그릴 것이 아닌가? 그때 그러지 말았어야 했는데, 난 빠져들고 말았어.

그런데 공부하면서 그림을 구상하는 게 더 어려워졌어. 수란 정해져 있는 것도 아니고, 끊임없이 변해가고 있는 거잖아. 그렇지만 수는 그러한 변화의 과정을 통해 더욱 분명한 존재가 되어갔어. 그림자였던 수가 독립된 그 무엇이 되어갔다고 했지 않은가?

더욱 문제가 된 것은 수가 그렇게 단순한 게 아니었다는 거야. 수란 수학 내에서만 통용되던 기호가 아니라 역사, 문화, 사회, 예술 등 다방면과 연결이 되어 있었어. 수의 성질은 어떻고? 대상과 기호, 동일과 차이, 현실과 가상, 분할과 통합, 실재와 인식, 우연과 필연 등 상반된 면을 동시에 갖고 있잖아. 계속 돌기만 할 뿐 멈추지를 않았어.

갈릴레이 | 지구만 도는 게 아니었군. 수도 돌고 도는 거였어!

베르메르 | 그러다 보니 수를 어떤 모습으로, 어떻게 그려야 할지 감을 잡을 수 없었네. 점점 더 선명한 존재가 되어갔다는 수! 그러나 내게 보여지는 수의 모습은 선명해지는 게 아니라 흐릿해지고 말았어. 반면 수를 그리고 싶다는, 그려야 한다는 욕망은 더욱 강렬해졌지. 누가 나 좀 도와주게.

어린왕자 | 뭘 고민하세요, 아저씨! 재미있는 생각이 떠올랐어요. 이

에서, 〈도마뱀〉, 1943년

도마뱀이 스케치북에서 빠져 나와 삶을 시작한다. 두꺼운 책 위와 삼각자 표면을 거쳐서 정12면체에서 삶의 정점에 이르게 된다. 그리고 다시 평면의 세상으로 내려온다. 수는 대상에서 빠져 나와 또 다른 대상이 되며 이곳저곳을 넘나든다. 돌고 돈다.

세계는 생각하고 생각되는 모든 것이 존재가 되는 세계예요. 현실과 가상의 구분이 없는 곳이죠. 우린 지금껏 수에 대해서 생각해왔어요. 그렇다면 우리가 수를 불러낼 수 있지 않을까요? 만약 수가 나타난다면 그 모습을 그리시면 되잖아요. 우리 모두 불러보는 게 어때요?

모두 좋다. 해보자. 수는 어떤 모습일까 궁금해지는데. 함께 불러보자. 하나, 둘, 셋!

수야 나와라~~~~

수를 보셨나요?

어떤 모습이었나요?

1. 마그리트의 〈유클리드의 산책〉이란 그림을 대상과 기호의 관계에 입각
   해 해석해보고, 그와 같은 테마를 소재로 한 마그리트의 다른 그림들을
   찾아보세요.
2. 수학(과학)이 질서와 규칙을 다룬다는 것은 양수적 이미지라 할 수 있습니다.
   그렇다면 무질서, 혼돈, 우연과 같은 음수적 이미지를 보여주는 수학(과학) 이
   론이나 분야를 찾아보세요.

참고 문헌

김용운, 김용국,『재미있는 수학여행 1』, 김영사, 2007.

데이비드 버가미니,『수의 세계』, 타임라이프북스, 1984.

드니 게디,『수의 세계』, 시공사, 2006.

마이글 슈나이더,『자연, 예술, 과학의 수학적 원형』, 경문사, 2002.

모리스 마샬,『수학자들의 비밀집단 부르바키』, 궁리, 2008.

미하엘 엔데,『모모』, 비룡소, 2009.

생 텍쥐페리,『어린왕자』, 비룡소, 2008.

아미르 D. 악젤,『수학이 사랑한 예술』, 알마, 2008.

앨프리드 W. 크로스비,『수량화혁명』, 심산, 2005.

에드워드 맥널 번즈, 로버트 러너, 스탠디시 미첨,『서양문명의 역사』, 소나무, 2007.

요하네스 헴레벤,『갈릴레이』, 한길사, 1998.

윌리엄 던햄, 유타 C. 메르츠바흐,『수학의 천재들』, 경문사, 2006.

유클리드,『원론』, 교우사, 1998.

유휘,『구장산술 주비산경』, 범양사, 2000.

이광연,『자연의 수학적 열쇠 피보나치 수열』, 프로네시스, 2006.

이진경,『철학과 굴뚝청소부』, 그린비, 2005.

장혜원,『청소년을 위한 동양수학사』, 두리미디어, 2006.

진중권,『미학 오디세이』, 휴머니스트, 2004.

칼 B. 보이어, 유타 C. 메르츠바흐,『수학의 역사 상·하』, 경문사, 2000.

투이아비,『빠빠라기』, 여름산, 2009.

트레이시 슈발리에,『진주 귀고리 소녀』, 강, 2003.

프리드리히 니체,『차라투스트라는 이렇게 말했다.』, 민음사, 2004.

A. 리히터,『레오나르도 다 빈치의 과학노트』, 서해문집, 1998.

M. C. 에셔 외,『M. C. 에셔 무한의 공간』, 다 빈치, 2006.